职业教育课程改革创新精品系列教材

Premiere

视频剪辑与案例应用

（第2版）

主　编　曾昊　王鹏

副主编　古燕莹　李爱国

参　编　侯克春　罗丽

　　　　许　琼　吉家进

U0234050

北京理工大学出版社

BEIJING INSTITUTE OF TECHNOLOGY PRESS

版权专有 侵权必究

图书在版编目（CIP）数据

Premiere 视频剪辑与案例应用 / 曾昊，王鹏主编

. -- 2 版 . -- 北京：北京理工大学出版社，2021.10

ISBN 978-7-5763-0484-8

Ⅰ . ①P… Ⅱ . ①曾… ②王… Ⅲ . ①视频编辑软件

Ⅳ . ①TN94

中国版本图书馆 CIP 数据核字（2021）第 203077 号

出版发行 / 北京理工大学出版社有限责任公司	
社　　址 / 北京市海淀区中关村南大街 5 号	
邮　　编 / 100081	
电　　话 / （010）68914775（总编室）	
（010）82562903（教材售后服务热线）	
（010）68944723（其他图书服务热线）	
网　　址 / http://www.bitpress.com.cn	
经　　销 / 全国各地新华书店	
印　　刷 / 定州市新华印刷有限公司	
开　　本 / 889 毫米 × 1194 毫米　1/16	
印　　张 / 13.5	责任编辑 / 张荣君
字　　数 / 269 千字	文案编辑 / 张荣君
版　　次 / 2021 年 10 月第 2 版　2021 年 10 月第 1 次印刷	责任校对 / 周瑞红
定　　价 / 51.00 元	责任印制 / 边心超

图书出现印装质量问题，请拨打售后服务热线，本社负责调换

前言

PREFACE

Adobe Premiere Pro（简称 Pr），是由 Adobe 公司开发的一款视频编辑软件，是一款功能强大的多媒体非线性视频编辑软件。Adobe Premiere Pro 的操作界面与 Adobe 公司推出的其他系列软件风格统一，简单易学，并支持多种硬件采集设备和多种输入、输出格式，可以实时编辑多种视频影像，符合多种信号标准，充分满足广大视频编辑人员的需要。使用 Adobe Premiere Pro 可以编辑和制作电影、DV、电视栏目包装、字幕制作、网络视频、演示、电子相册等，目前广泛应用于广告制作和电视节目制作中。

本书遵循项目驱动方式，以项目完成、任务实现为主线，始终将学生的"学"放在首位，项目案例来源于工作实践，参考真实的工作流程，针对职业教育学生的认知特点，注重培养学生自主探究能力，将提高学习兴趣、真正掌握并灵活运用知识点放在第一位，将知识点的完整性放在第二位，展现了一种全新的教学方法。

本书共计 12 个项目，分布在初级技能篇、项目制作篇和实战演练篇，较全面地讲述了 Adobe Premiere Pro 数字视频剪辑的基础知识、字幕和动画设计、视频特效处理，以及视频输出等技术。本书将知识点融入项目的实施过程中，对知识点进行了细致的编排，读者可以通过项目案例的制作带动相关知识的学习，在学习过程中快速掌握技术知识点，并熟悉非线性视频编辑工作流程，读者还可以通过逐步的操作与实践，加深对视频技术的理解。

本书结构合理、条理清楚、通俗易懂、便于初学者学习。每个项目开始对项目进行描述，包括介绍案例的效果、案例的要求和所应用的相关知识点，接着介绍制作方法和制作步骤，在讲解项目案例的实施过程前，使读者明确与项目相关的知识点，并在讲解项目案例的实施过程后，给出了以扩展学习，培养学习兴趣、创造性和独立思考能力的项目拓展任务，以巩固学习的成果。

全书注重"做中学"，注重理论联系实践，采用案例操作和知识相结合的教学方法，即读者在计算机前一边看书中案例的操作步骤，一边进行操作，同时学习相关的知识，在做中学，教学做合一。采用这种方法学习，掌握知识的速度快，学习效果好。

本书在内容介绍上由浅入深，结构合理，重点突出，脉络清楚，配有相应的实用案例介绍，适合初级和中级读者阅读和使用。希望本书能够帮助读者学习并掌握Premiere。如果能达到这样的目的，我们将不胜欣慰。

本书语言简洁，内容丰富，适合以下人员使用：

• 电脑培训班学员。

• 中职影视动漫相关专业的师生。

• 数码视频剪辑爱好者。

• 初、中级数码视频剪辑人员。

• 电子相册制作人员。

• 婚纱影楼设计人员。

• 多媒体制作人员。

本书案例应用领域广泛，内容以"制作"为主旨。本书的案例涉及旅游留念、花卉展览、时尚车展、结婚纪念电子相册、翻页电子相册、片头制作等，满足了不同读者、不同层次的需要。

本书的编写得到了北京市劲松职业高中校领导的关心与支持，得到了企业专家的帮助，在此一并表示感谢。本书在编写过程中，借鉴和参考了同行们相关的研究成果和文献，从中得到了不少教益和启发，在此对各位作者表示衷心的感谢。

由于编写时间仓促，加之作者水平有限，书中难免存在疏漏和不足之处，恳请各位读者批评、指正。

编　者

目录

CONTENTS

初级技能篇

项目制作篇

实战演练篇

初级技能篇

项目一

初识Premiere界面

本项目需要学习什么?

（1）熟悉 Premiere 的运行环境以及应用领域。

（2）熟悉软件的界面和常用工具。

如何学习好本项目的内容?

　　本项目详细地讲解了 Premiere 的界面及基础操作，在学习的时候对于本项目讲解的内容自己动手操作，可以加深读者对于软件操作的熟练度。

项目分析——Premiere关键技术点拨

（1）项目窗口介绍。

（2）监视器窗口介绍。

（3）时间线窗口介绍。

（4）工具面板介绍。

（5）字幕系统介绍。

（6）剪辑流程介绍。

1.1 Premiere简介

　　Adobe Premiere Pro 是由 Adobe 公司推出的一款剪辑入门级软件，有较好的兼容性，可以与 Adobe 公司推出的其他软件相互协作。目前，这款软件广泛应用于广告制作、电视节目制作以及各类网络视频制作中。

　　Adobe Premiere Pro 是视频编辑爱好者和专业人士必不可少的编辑工具。它可以提升用户的创作能力和创作自由度，它是易学、高效、精确的视频剪辑软件。Premiere 提供了采集、剪辑、调色、美化音频、字幕添加、输出、DVD 刻录的一整套流程，并和其他 Adobe 软件高效集成，使用户足以完成在编辑、制作上遇到的所有挑战，满足用户创建高质量视频作品的要求。

1.2 操作界面介绍

　　Premiere 的主界面由八大功能窗口组成，分别为：项目窗口、监视器窗口、时间线窗口、信息及历史窗口、工具窗口和调音台窗口，而项目窗口中集成了特效窗口，监视器窗口中集成了特效控制窗口，如图 1-1 所示。

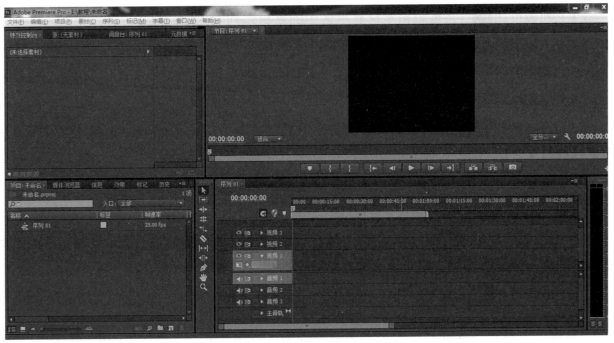

图 1-1

1. 项目窗口

项目窗口也称素材窗口，即导入和存放素材的窗口。素材可以通过设置，显示为"图标模式"和"列表模式"，如图 1-2 所示。

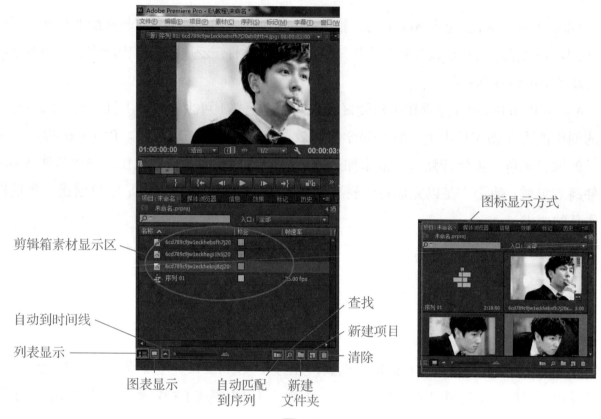

剪辑箱素材显示区

图标显示方式

自动到时间线

列表显示

图表显示

自动匹配到序列

新建文件夹

查找

新建项目

清除

图 1-2

（1）列表按钮 ：将剪辑箱素材显示区中的素材以列表的形式显示。

（2）图标按钮 ：将剪辑箱素材显示区中的素材以图标的形式显示。

（3）自动到时间线按钮 ：自动生成一个时间线序列。

（4）自动匹配到序列按钮 ：导入的素材与设定的序列自动匹配。

（5）查找按钮 ：在项目窗口中文件层次较多、较复杂的情况下，使用此工具可以快速查找所需文件。

（6）新建文件夹按钮 ：此按钮用于创建新的素材文件夹，有利于整理组织项目中的素材。

（7）新建项目按钮 ：此按钮用于创建新的字幕、非线性文件、时间线等。单击此按钮可以弹出一个项目菜单，它与单击文件菜单中的"新建"选项所弹出的子菜单相同。

（8）清除按钮 ：用于删除项目窗口中所选择的素材。

注意： 如果在项目窗口中要删除多个素材或素材文件夹，可以按"Ctrl"键逐一选择多个素材统一删除。

2. 监视器窗口

监视器窗口主要用于预览、输出视频素材和音频素材，监控整个项目的内容。创建新项目时，还可以通过此窗口设置素材的入点、出点，改变静态图片的持续时间和设置标记等，如图1-3所示。

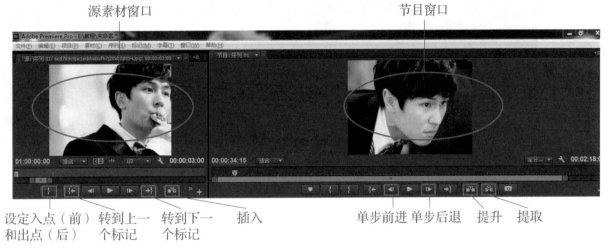

图 1-3

（1）设定出点和入点 ：用来设置当前位置为出点或者入点，按下"Alt"键的同时单击它则取消设置。

（2）设定未编号标记 ：用于为素材设置非数字标记。一段素材只能设置一个非数字标记，若想设置多个可应用数字标记。

（3）转到上一个标记或下一个标记 ：此按钮用于将编辑线直接转到素材的上一个标记或下一个标记。

（4）单步前进或后退 ：用于将节目或预演的素材片段正向或反向播放，单击一次跳一帧。

（5）播放/停止 ：播放或停止播放素材。

（6）输出单帧 ：单击可以输出所需要的单帧。

（7）插入 ：用于将选定的源素材插入到序列中指定的位置。

（8）覆盖 ：用于将选定的源素材覆盖到序列中指定的位置。

（9）提升 ：将当前选定的片段从编辑轨道中删除，与之相邻的片段不改变位置。

（10）提取 ：将当前选定的片段从轨道中删除，后面的片段将会自动提前，与前一片段连接到一起。

3. 时间线窗口

时间线窗口用于编辑视频和音频素材，如图1-4所示。

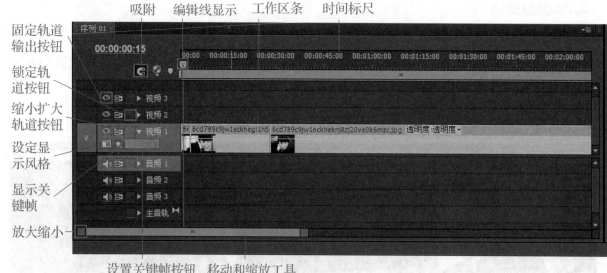

图 1-4

（1）视频轨道

固定轨道输出按钮 👁：初始状态 👁，表示该条轨道为可见轨道，可以应用各种效果。单击该按钮则会变成空白 ⬜，此时轨道中的所有素材在编辑过程中将不产生任何效果。

锁定轨道按钮 🔒：初始状态 ⬜，此时该轨道可以进行正常操作，单击后会变成 🔒，同时视频轨道出现反斜线，变成 █████，表示轨道被锁定，不能进行任何操作。

"缩小 / 扩张轨道按钮"：初始状态 ▶视频1，此时轨道未被展开，单击后会变成朝下的实心三角形状态 ▼视频1，此时轨道被展开，当视频轨道被展开后将会出现功能按钮，这些功能按钮如下：

①设定显示风格按钮 🔳：该按钮用于设置轨道中剪辑素材的显示方式。单击该按钮会弹出菜单，如图 1-5 所示。从此菜单可以看出，共有四种显示方式，其中"显示头和尾"选项，表示在视频轨道中仅显示剪辑素材的第一帧和最后一帧画面。"仅显示开头"则表示仅显示素材的第一帧画面。"显示全部帧"选项表示在视频轨道中显示素材的每一帧动画，"仅显示名称"选项表示仅显示剪辑素材的名称，而不显示画面。

②显示关键帧按钮 ◆：此按钮可以设置视频轨道中关键帧的显示，如图 1-6 所示。如果选择了"显示透明控制"选项，那么将在视频轨道中显示不透明控制按钮，用于设置关键点的不透明度值。

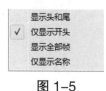

图 1-5

图 1-6

③设置关键帧按钮：初始状态 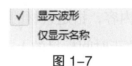，这三个按钮的设置方法与效果控制面板中设置关键帧的方法相同。

（2）音频轨道

设定显示风格按钮 ▥：初始状态 ▥，此按钮用于设置音频轨道中剪辑素材的显示方式，单击此按钮可弹出菜单，如图1-7所示。从菜单中可以看出共有两种显示方式，其中"显示波形"选项表示在音频轨道中仅显示声音的波形图，如图1-8所示。"仅显示名称"选项则只显示声音层的名称，不显示波形图，如图1-9所示。

✓ 显示波形
　　仅显示名称

图1-7

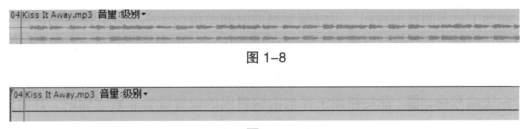

图1-8

图1-9

显示关键帧按钮 ◆：单击将会弹出菜单，如图1-10所示。

✓ 显示素材关键帧
　　显示素材音量

　　显示轨道关键帧
　　显示轨道音量

　　隐藏关键帧

图1-10

① "显示素材关键帧"表示在音频轨道中显示时间及素材的关键帧。

② "显示素材音量"选项表示在轨道中显示剪辑素材的音量。

③ "显示轨道关键帧"选项表示显示轨道的关键帧。

④ "显示轨道音量"选项表示在轨道中显示轨道的音量。

⑤ "隐藏关键帧"选项表示隐藏关键帧的显示。

窗口辅助工具包括以下几项：

①时间标尺 ▦：它不但可以表明素材的剪辑时间范围，还可以显示光标当前位置和所设置的位置标记。从时间标尺上可以看出一个素材的开始时间和结束时间。时间标尺上的刻度及所标时间的配合使用，可以让用户准确地掌握素材的时间，当用户在窗口中移动光标时，在时间标尺上会出现一条随之移动的细线，以精确指明当前光标的位置。

②工作区条　　　　　　　　　　　　　　　：位于时间标尺的下面，工作区条的两端有两个标记　　　，它们之间的范围就是工作区。对于编辑工作的不同阶段，工作条有着不同的作用。当用户需要将素材中加有某种特技的地方制作成影片的时候，是制作素材的哪些部分，就由工作区条来限定了。工作区条所在的位置就是影片输出的部分。所以，用户根据工作区条的这一特性，可以将整个素材输出为影片，也可以将部分素材输出为影片。

③编辑线标识：在默认状态下，编辑线标识位于时间标尺的最左边，即素材的第一帧画面上。用户可以使用编辑线预览项目内容，指定素材的插入位置。

④移动缩放工具条　　：该工具位于时间标尺的上方，将光标放在此工具条上拖动鼠标，可以滑动到素材的不同部分并可以保持时间单位不变。用户可以使用这一特点查看不同部分的素材，拖动工具条两端的按钮，可以调整当前时间单位的大小，以方便显示素材。

⑤吸附按钮　：此按钮的功能就是用于捕捉剪辑素材的边缘、标记以及由时间指示器指示的当前时间点，用于精确定位，进行剪辑素材的无缝连接，快捷键为"S"。

⑥设定未编号标记　：此按钮用于在当前编辑线的位置设置非数字标记。在时间线窗口中，标记可以指示重要的点，以便于定位或对剪辑进行编辑。一般情况下，可以设置 100 个标记，即 0~99，此外还可以设置无数个未编辑号的标记。

4. 工具面板

工具面板中包含了各类常用的工具，如选择工具、剃刀工具、缩放工具等，如图 1-11 所示。

如果此窗口没有被打开，选择菜单栏中的"窗口 > 工具"命令，即可打开工具面板。各个按钮的功能如下：

（1）选择工具　：用于选择移动拉伸素材片段，调节素材关键帧，为素材设置入点和出点等操作，快捷键为"V"。按住"Ctrl"键，单击目标对象可以进行多选，按住"Shift"键单击目标对象可以选择所有对象。

（2）轨道选择工具　：用于选择某个轨道上的多个素材片段，即从第一个被选择的片段开始到轨道结尾处的所有素材片段，快捷键为"M"。如果选择多个轨道上的素材片段进行整体移动，可以在选择的同时按住"Shift"键。

（3）波纹编辑工具　：用于拖动素材片段出点，

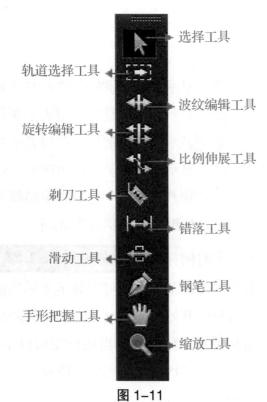

图 1-11

改变片段长度，相邻片段的长度保持不变。快捷键为"B"。激活该工具时，将鼠标移动到素材片段的边缘处，就会出现拉伸图标，此时就可以调整片段长度了。

（4）旋转编辑工具：用于调整两个相邻素材的长度，调整后两个素材的总长度不变。快捷键为"N"。

（5）比例伸展工具：用于改变素材片段的时间长度，调整片段的速率以适应新的时间长度，快捷键为"X"。

（6）剃刀工具：可以将选定的素材片段切割为两个片段，以方便进行单独的调整和编辑，快捷键为"C"。

（7）错落工具：用于改变一个素材片段的开始位置和结束位置，快捷键为"Y"。

（8）滑动工具：用于改变相邻素材片段的出点和入点，与错落工具所不同的是，错落工具是针对一个素材片段的，而滑动工具是用于改变前一个片段的出点和后一个片段的入点，快捷键为"U"。

（9）钢笔工具：用于调节节点，如单轨关键帧的音频变换点。在编辑字幕素材的时候，还可以用于绘制所需的曲线图形，快捷键为"P"。

（10）手形把握工具：用于平移时间线窗口中的素材片段，以显示出影片的不同部分，快捷键为"H"。

（11）缩放工具：用于缩放时间线窗口中的时间单位，以改变轨道上的显示状态，按住"Alt"键则缩小片段，快捷键为"Z"。

5. 信息面板和历史面板

信息面板和历史面板如图 1-12 所示。

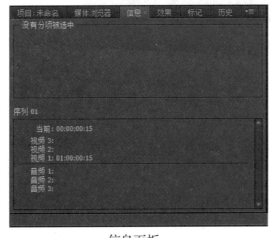
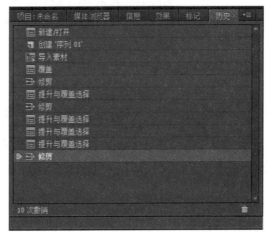

信息面板　　　　　　　　　　　　　　　历史面板

图 1-12

信息面板：主要用于显示所选剪辑或者转场等一些信息，里面所显示的信息会随着媒体类型和当前窗口等因素的不同而发生变化。如果没有打开，可以到菜单栏里找"窗口 > 信息"命令。

历史面板：用于记录所走过的步骤，或者回复以前的操作步骤，如果返回到当前的操作步骤，那么位于该步骤下的步骤显示将变暗，此时如果需要重新进行编辑，系统将自动删除这些变暗的操作步骤。历史面板中显示的每种状态也包括了改变项目时所用的工具和命令名称，以及代表它们功能的图标。

1.3 字幕系统

Premiere 的字幕系统比较强大，可以制作各类滚动字幕以及艺术特效字体，如图 1-13 所示。

图 1-13

字幕输入区：在图 1-13 中，带有图像的位置为字幕输入区，在制作字幕效果的时候，将所需要输入的字幕在此位置输入，图像中有两个选框，靠内部的选框为字幕输入最安全区域，靠外部的选框为最大限度内字幕输入区域，所以在制作的过程中，建议文字全部控制在内部选框以内。

工具箱：工具箱又被称为字幕工具，在这里，可以对输入的字幕进行各种操作。字幕动作样式：对字幕的样式进行修改，如字幕是否居中、对齐网格等操作。

字幕样式：俗称艺术字体，这里面有多种艺术字体样式供选择，需要注意的是，Premiere 里有很多字体使有些文字无法显示，如果在选择样式前进行了字体修改，那么在更改了字幕样式之后，需要重新修改字体。

　　字幕属性和字幕风格区：这两个区域实际上具有一样的性质，只是字幕风格区要比字幕属性更详细一些，所有有关于字体的调节，都可以在字幕风格区——体现。

1.4　剪辑流程

　　（1）准备素材。
　　（2）在时间线窗口中组合和编辑素材。
　　（3）在监视器窗口中编辑和预览素材。
　　（4）添加转场、滤镜特效。
　　（5）添加字幕和矢量图形。
　　（6）添加音频。
　　（7）输出影片。

1.5　项目总结

　　本项目介绍了 Premiere 软件的常用界面及基础操作，通过这一项目的学习，使读者对剪辑有一个基础的认识。

1.6　项目拓展

　　其他剪辑软件的基础界面认识：剪辑软件的界面和常用工具都是大同小异的，通过本项目的学习，对于其他剪辑软件，如 FinalCut 的界面（图 1-14）和工作原理，也会有一定的了解。

图 1-14

项目二

视频特效

本项目需要学习什么?

（1）熟悉 Premiere 自带的视频特效。

（2）扭曲特效的使用。

（3）键控特效的使用。

（4）调速。

（5）特效控制台。

如何学习好本项目的内容?

（1）根据本项目提供的素材以及制作详解进行案例制作，在制作的过程中理解并分析案例制作的思路，对于掌握本项目内容有很大帮助。

（2）通过反复进行练习，以熟悉 Premiere 软件的基础操作，能有效提升今后学习和工作的效率。

项目分析——Premiere关键技术点拨

（1）特效分类及介绍。

（2）素材导入及管理。

（3）扭曲特效的应用。

（4）键控特效的应用。

（5）调速的应用。

（6）特效控制台。

2.1 特效的分类及介绍

视频特效是指在视频上做相应的处理，以达到不同的艺术效果。Premiere 自带了很多视频处理特效，对视频的画面和声音都能够进行细节的修整，以达到更好的效果。

1. 效果面板

在软件左下角窗口里的"效果"面板中，找到"视频特效"文件夹，如图 2-1 所示。

单击"视频特效"前的小三角 ▶，展开"视频特效"面板，如图 2-2 所示。

图 2-1　　　　　　　　　　　　　　　图 2-2

可以看到许多的"视频特效"，如扭曲、模糊与锐化、色彩校正等。

2. 变换

变换类效果主要是通过对图像的位置、方向和距离等参数进行调节，从而制作出画面视角变化的效果，分为垂直保持、垂直翻转、摄像机视图、水平保持、水平翻转、羽化边缘和裁剪 7 种效果，如图 2-3 所示。

图 2-3

3. 调整

调整类效果是常用的一类特效，主要是用于修复原始素材的偏色或者曝光不足等方面的缺陷，也可以调整颜色或者亮度来制作特殊的色彩效果，分为卷积内核、基本信号控制、提取、照明效果、自动对比度、自动色阶、自动颜色、色阶和阴影 / 高光 9 种效果，如图 2-4 所示。

4. 模糊与锐化

模糊与锐化类效果主要用于柔化或者锐化图像，或边缘过于清晰或者对比度过强的图像区域，甚至把原本清晰的图像变得很朦胧，以至于模糊不清，分为快速模糊、摄像机模糊、方向模糊、残像、消除锯齿、混合模糊、通道模糊、锐化、非锐化遮罩和高斯模糊 10 种效果，如图 2-5 所示。

图 2-4

图 2-5

5. 通道

通道（Channel）类效果主要是利用图像通道的转换与插入等方式来改变图像，从而制作出各种特殊效果，分为反转、固态合成、复合算法、混合、算法、计算和设置遮罩 7 种效果，如图 2-6 所示。

6. 色彩校正

色彩校正（ColorCorrection）类效果用于对素材画面颜色进行校正处理，分别为：RGB 曲线、RGB 色彩校正、三路色彩校正、亮度与对比度、亮度曲线、亮度校正、分色、广　播级颜色、快速色彩校正、更改颜色、染色、色彩均化、色彩平衡、色彩平衡（HLS）、视频限幅器、转换颜色和通道混合 17 种效果，如图 2-7 所示。

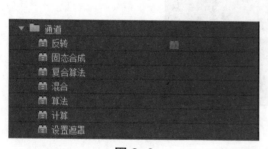

图 2-6

图 2-7

7. 扭曲

扭曲（Distort）类效果主要通过对图像进行几何扭曲变形，来制作各种画面变形效果，分为偏移、变形稳定器、变换、弯曲、放大、旋转扭曲、波形弯曲、滚动快门修复、球面化、紊乱置换、边角固定、镜像和镜头扭曲 13 种效果，如图 2-8 所示。

8. 生成

生成（Generate）类效果是经过优化分类后新增加的一类效果。有书写、吸色管填充、四色渐变、圆、棋盘、椭圆、油漆桶、渐变、网格、蜂巢图案、镜头光晕和闪电 13 种效果，如图 2-9 所示。

图 2-8　　　　　　　　　　　　　　　图 2-9

9. 图像控制

图像控制（ImageControl）类效果主要是通过各种方法对素材图像中的特定颜色像素进行处理，从而做出特殊的视觉效果，分为灰度系数（Gamma）校正、色彩传递、颜色平衡（RGB）、颜色替换、黑白 5 种效果，如图 2-10 所示。

10. 键控

键控（Keying）类效果主要用于对图像进行抠像操作，通过各种抠像方式和不同画面图层叠加方法来合成不同的场景或者制作各种无法拍摄的画面，分为 16 点无用信号遮罩、4 点无用信号遮罩、8 点无用信号遮罩、Alpha 调整、RGB 差异键、亮度键、图像遮罩键、差异遮罩、极致键、移除遮罩、色度键、蓝屏键、轨道遮罩键、非红色键和颜色键 15 种效果，如图 2-11 所示。

图 2-10　　　　　　　　　　　　　　图 2-11

11. 杂波与颗粒

杂波与颗粒（NoiseGrain）类效果主要用于去除画面中的噪点或者在画面中增加噪点，分为中值、杂波、杂波 Alpha、杂波 HLS、灰尘与划痕、自动杂波 HLS6 种效果，如图 2-12 所示。

12. 透视

透视（Perspective）类效果主要用于制作三维立体效果和空间效果，分为基本 3D、径向阴影、投影、斜角边、斜角 Alpha5 种效果，如图 2-13 所示。

图 2-12

图 2-13

13. 风格化

风格化（Stylize）类效果主要是通过改变图像中的像素或者对图像的色彩进行处理，从而产生各种抽象派或者印象派的作品效果，也可以模仿其他门类的艺术作品，如浮雕、素描等，分为 Alpha 辉光、复制、彩色浮雕、曝光过度、材质、查找边缘、浮雕、笔触、色调分离、边缘粗糙、闪光灯、阈值、马赛克13 种效果，如图 2-14 所示。

图 2-14

14. 时间

时间（Time）类效果主要是通过处理视频的相邻帧变化来制作特殊的视觉效果，分为抽帧和重影两种效果，如图 2-15 所示。

15. 过渡

过渡（Transition）类效果主要用于场景过渡（转换），其用法与"视频切换"类似，但是需要设置关键帧才能产生转场效果，分为块溶解、径向擦除、渐变擦除、百叶窗、线性擦除 5 种效果，如图 2-16 所示。

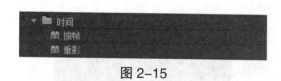

图 2-15

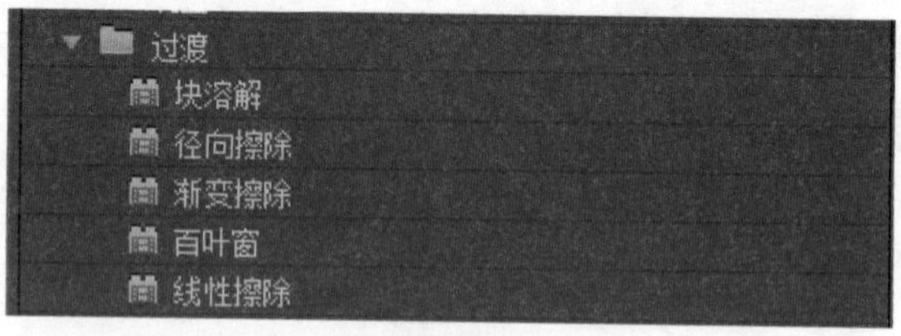

图 2-16

16. 实用

实用（Utility）类效果主要是通过调整画面的黑白斑来调整画面的整体效果，它只有 Cineon 转换一种效果，如图 2-17 所示。

图 2-17

以上就是所有特效面板里面的分类及对特效的简单介绍。

操作视频

2.2　特效应用

1. 新建项目

（1）启动 Adobe Premiere Pro 软件，进入"欢迎界面"，单击"新建项目"按钮，如图 2-18 所示。新建一个项目文件，打开"新建项目"窗口，在位置栏的右侧单击"浏览"按钮，打开"浏览文件夹"窗口，新建或选择存放项目文件的目标文件夹，这里目标文件夹为"特效分类及介绍"，文件及输出视频名称栏为"视频特效"，如图 2-19 所示。

图 2-18

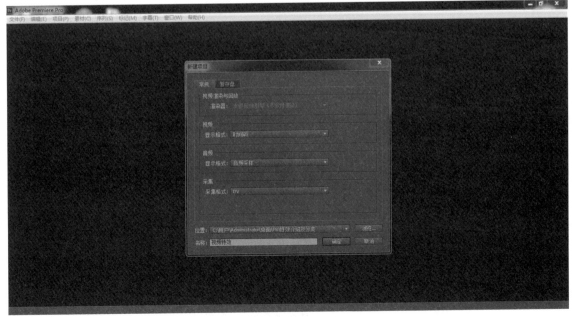

图 2-19

（2）在打开的"新建序列"窗口的"序列预设"下，展开"DV-PAL"，选择国内通用电视制式"DV-PAL"下的"标准48kHz"。序列名称栏为项目名称，此处为"视频特效"，单击"确定"按钮进入操作界面，如图2-20所示。

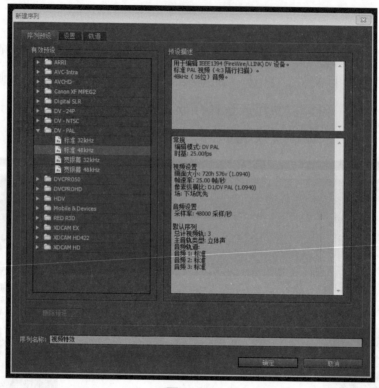

图 2-20

2. 导入素材

在项目窗口空白处双击（或直接单击菜单命令"文件 > 导入"），打开"导入"对话框，选中所需的素材"小巷—镜头推进 .mov"，单击"打开"按钮，将素材导入 Premiere 中，如图 2-21 所示。

图 2-21

3. 添加特效

下面讲解一个简单的"特效效果"，让读者认识一下"视频特效"是怎样运用到影片当中去的。

首先，打开"视频特效"面板中的"扭曲"面板，如图 2-22 所示。

按住"波形弯曲"直接移动至时间轨道的视频素材上，如图 2-23 所示。我们可以看到视频上的素材出现了很夸张的波形弯曲形状，如图 2-24 所示。

图 2-22

图 2-23

图 2-24

4. 参数调整

一般情况下，我们不需要很大的参数值，视频特效的值是可以调节的。打开"监视器面板"的"特效控制台"面板，可以看到"波形弯曲"的这个特效已经在上面，并附带着一些可以更改的形状和值，如图 2-25 所示。

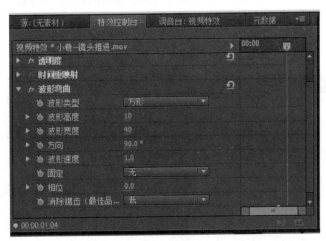

图 2-25

单击"波形弯曲"前的三角图标 ▼，可以很清楚地看到波形弯曲里所附带的特效，如波形类型、波形高度等，这些值都可以一一调节。

注意，波形弯曲前除了有小三角，还有一个图标 fx，这个图标是特效开关，再单击一下这个按钮，所使用的波形弯曲特效就会消失。

下面将波形弯曲的值进行一些适当的调节，使影片达到我们想要的效果，如图 2-26 所示。

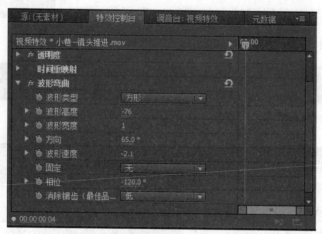

图 2-26

调节后的效果如图 2-27 所示。

图 2-27

将这张图和没有调节值之前的图进行对比。调节前的效果如图 2-28 所示。

图 2-28

调节后的效果如图 2-29 所示。

图 2-29

对比之后发现，调节后的图像扭曲程度没有调节前那么强烈，于是，这个特效就完成了。特效面板中的其他特效操作方法与此类似。

2.3 键控特效

操作视频

1. 素材的导入与管理

（1）新建项目

单击"文件 > 新建 > 项目"，新建一个项目工程，如图 2-30 所示。

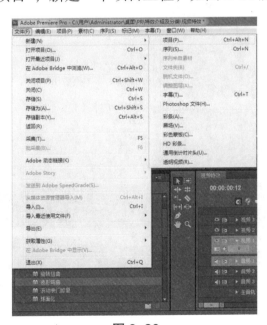

图 2-30

弹出"新建项目"的"设置"面板，存储文件夹名称为"键控去背"，项目名称为"键控去背"，如图 2-31 所示。

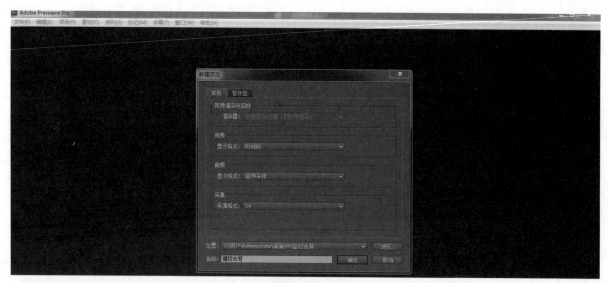

图 2-31

单击"确定"按钮，出现"新建序列"窗口，展开"DV-PAL"栏，选择"标准
48kHz"，将画面大小设置为"720×576"的尺寸，确认帧速率是 25 帧 / 秒。名称栏为项目
名称，此处为"键控去背"，如图 2-32 所示，单击"确定"按钮进入操作界面。

图 2-32

（2）导入素材

在项目窗口空白处双击，打开"导入"对话框，选中所需的素材，单击"打开"按钮，
将素材导入 Premiere 中，如图 2-33 所示。

图 2-33

（3）素材调序

①将第一个影片"shinhwa1.mp4"先放入"视频 1"轨道内。

②再将第二个影片"Explosion.mov"放入"预览窗口"。将第二个影片放入"预览窗口"的时候，要按住鼠标左键拖动，如图 2-34 所示。

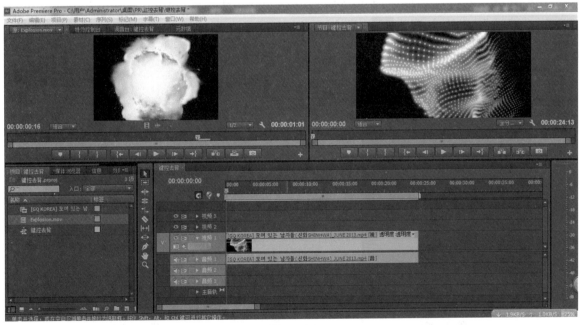

图 2-34

2. 添加特效

先将第二个影片"Explosion.mov"放到第一个影片"shinhwa1.mp4"上观察一下，如图 2-35 所示。

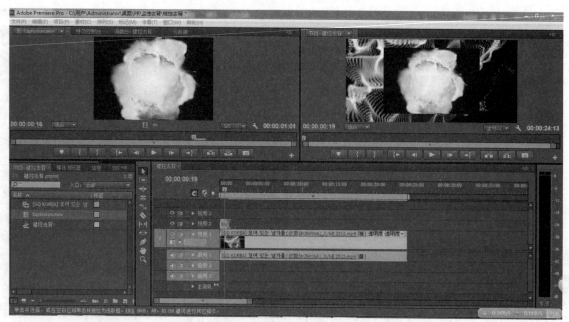

图 2-35

可以很清楚地看到，在"节目窗口"中，"火焰素材"的图层周围有一个黑色的四框挡住了底下的素材，所以下面就要进行键控去背去除底下的黑框。

所谓的"键控去背"就是说，将图像中需要保留的地方保留，不需要的地方隐藏或变成透明。

在左下角窗口找到"项目窗口 > 效果 > 键控"，如图 2-36 所示。

单击"键控"前的小箭头 ，可以看到里面有许多"键控去背"的特效，如图 2-37 所示。

图 2-36

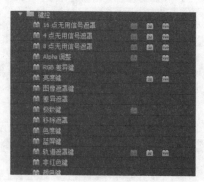

图 2-37

这个火焰素材可以用"亮度键"去除黑色背景，如图 2-38 所示。"亮度键"在使用的时候，亮度高的地方将被保留，亮度低的地方将被去除。

图 2-38

将亮度键的特效移动至火焰素材上，可以看到，刚才还有黑色背景的火焰素材已经没有了黑色的背景，如图 2-39 所示。

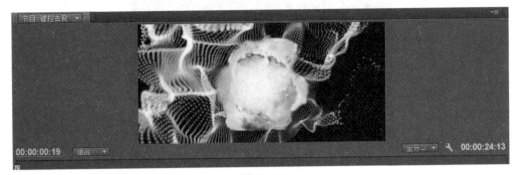

图 2-39

将加特效前和加特效后的图片进行对比，就可以很清楚地看到两者之间的变化，如图 2-40 和图 2-41 所示。

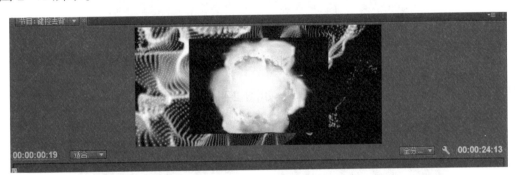

图 2-40（加特效前）

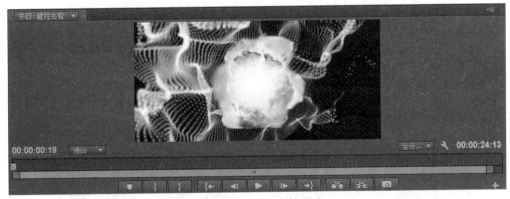

图 2-41（加特效后）

加了特效以后，火焰的有些地方变得透明，所以还要再对它进行一些处理。

3. 参数调整

打开"控制面板 > 特效控制台"，如图 2-42 所示。

图 2-42

可以看到，刚才加进去的"亮度键"的特效也包含在里面，单击"亮度键"的小箭头，发现里面有两个选项：阈值和屏蔽度，如图 2-43 所示。

图 2-43

将阈值调小至 50%，再来看一下效果，如图 2-44 所示。

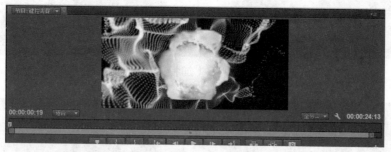

图 2-44

我们发现，之前透明的地方消失了，可以和之前的图片再进行一下对比，调节阈值前如图 2-45 所示。

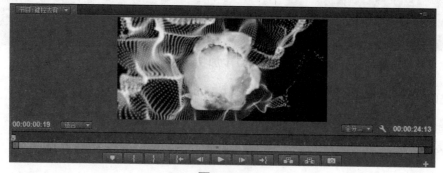

图 2-45

调节阈值后如图 2-46 所示。

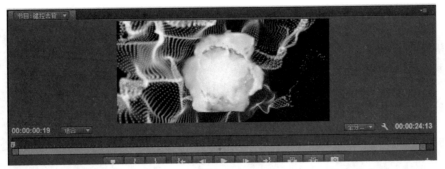

图 2-46

效果很明显地显露出来，这样就完成了去背效果。

操作视频

2.4　调速

1. 新建项目和素材管理

（1）新建项目

单击"文件 > 新建 > 项目"，新建一个项目工程，如图 2-47 所示。

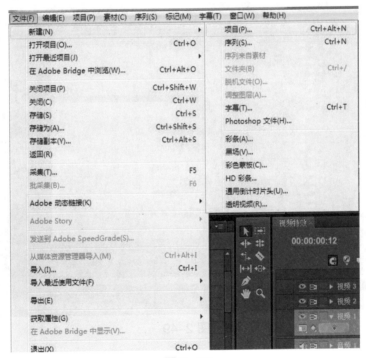

图 2-47

弹出"新建项目"的"设置"面板，存储文件夹名称为"影片速度调节"，项目名称为"速度调节"，如图 2-48 所示。

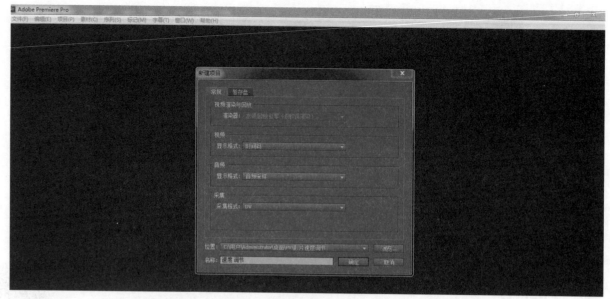

图 2-48

单击"确定"按钮，出现"新建序列"，展开"DV-PAL"栏，选择"标准 48kHz"，将画面大小设置为"720×576"的尺寸，确认帧速率是 25 帧 / 秒。名称栏为项目名称，此处为"影 片速度调节"，单击"确定"按钮进入操作界面，如图 2-49 所示。

图 2-49

（2）常规设置

选择菜单命令"编辑 > 首选项 > 常规"，在弹出的对话框中，将"静帧图像默认持续时间"改为"75 帧"，然后单击"确定"按钮，完成操作，如图 2-50 和图 2-51 所示。

图 2-50

图 2-51

（3）导入素材

在项目窗口空白处双击（或直接单击菜单命令"文件 > 导入"），打开"导入"对话框，选中所需的素材，单击"打开"按钮，将素材导入 Premiere 中，如图 2-52 所示。

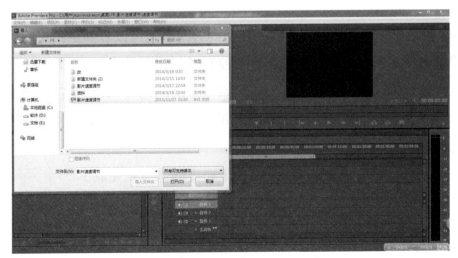

图 2-52

2. 速度调整

将素材影片"影片速度调节 .avi"放入"时间轨道"内，如图 2-53 所示。

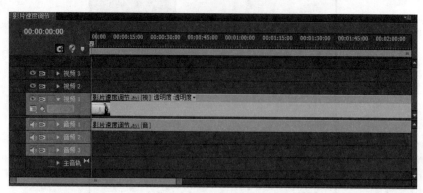

图 2-53

将鼠标放置于时间线的"影片速度调节"上，单击鼠标右键，选择"速度 / 持续时间"，如图 2-54 所示。

此时弹出"素材速度 / 持续时间"对话框，如图 2-55 所示。对话框里的内容分别是："速度""持续时间""倒放速度""保持音调不变"以及"波纹编辑，移动后面的素材"。

图 2-54

图 2-55

速度：显而易见，用来调节影片播放速度的快慢，在 Adobe Premiere Pro 里，以 100% 为基准，速度的数值越大，影片播放的速度越快；速度的数值越小，影片的播放速度就越慢。

持续时间：在调节完速度的数值之后，在持续时间里就可以看到更改速度后的时间长度，这样更进一步地方便了制作人员在制作影片时控制时间长度。

倒放速度：勾选倒放速度前的小方框，再调节之前的速度值，就实现了倒放的效果。注意：在勾选倒放速度以后，同样以 100% 为基准，数值越大，倒放的速度越快；数值越小，倒放的速度越慢。

调节好数值之后，单击"确定"按钮，关于速度的调节就完成了。

2.5　特效控制台

1. 导入素材

在项目窗口空白处双击（或直接单击菜单命令"文件 > 导入"），打开"导入"对话框，选中所需的素材，单击"打开"按钮，将素材导入 Premiere 中，如图 2-56 所示。

图 2-56

注意：在前一个案例中，已经详细讲解了新建工程文件的步骤，所以此案例直接从导入素材开始。

将导入的素材移动至"时间轨道"上，如图 2-57 所示。

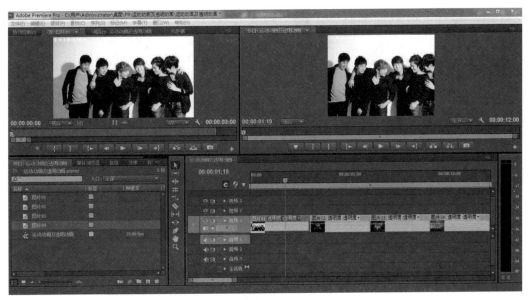

图 2-57

单击"图片01",在监视器窗口中找到"特效控制台"面板,如图2-58所示。

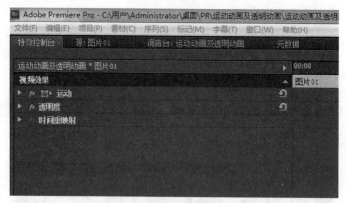

图 2-58

打开之后,我们可以看到"视频效果"里有三项,分别为运动、透明度及时间重映射,我们所要制作的"运动动画"就在"运动"面板里,单击"运动"面板前的小三角▶,展开"运动"面板,如图2-59所示。"位置"参数,即素材的位置,调整"缩放比例"参数,素材的尺寸大小会发生变化,修改"旋转"参数,素材的角度会产生变化。

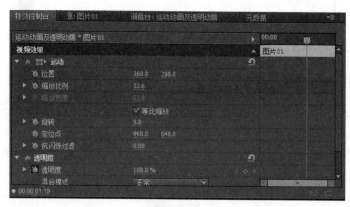

图 2-59

可以看到,每一个参数前都有一个⏱"码表",在这里"码表"的作用就是为当前参数添加关键帧,制作动画效果。

2. 缩放动画

以"缩放比例"为例,我们制作一个缩放动画效果。

首先,单击"缩放比例"前的小三角▶,展开"缩放比例",如图2-60所示。

图 2-60

在制作前,可以先观察一下整个监视器窗口,如图2-61所示。

图 2-61

　　左边的监视器窗口是即将要进行的动作，而右边的监视器窗口则是导入"时间线"后显示出来的图片大小，接下来对图片进行操作。

　　单击左边的监视器窗口中"缩放比例"前的码表 [缩放比例]，可以看到监视器窗口多了一个菱形小方块 ◆，如图 2-62 所示。

　　我们将这个"小方块"称之为"关键帧"，也就是说，对于这个图片的动作动画操作，已经设置好了"第一个关键帧"。

　　然后，移动"时间指针"，如图 2-63 所示。

图 2-62

图 2-63

　　不难发现，"时间轴"上显示的时间与监视器上显示的时间是一致的，所以无论移动哪个，效果都是一样的。

　　在这一时间线上，再添加一个关键帧，"添加关键帧"的方法有两种：第一种，在添加了第一个关键帧后，直接调节"缩放比例"的数值，调整到一个想要达到的效果，Premiere 会自动记录动画数值；第二种，滑动坐标线上的滑块，如图 2-64 所示。

图 2-64

可以看到，右边的小框里出现了一条斜线，而监视器里的图片也发生了变化，如图2-65所示。

图 2-65

对比图 2-66 和图 2-67，我们发现图片变大了，这时拖动时间线，就会发现图片有了一个从小到大的动画。这样，一个简单的运动动画就完成了，当然也可以同时进行位置、旋转的运动动画设置。

图 2-66

图 2-67

运用这种方式，同样也可以做成转场小特效。

在图片的结尾处设置一帧关键帧，在下一张图片的起始点再设置一帧关键帧，运用自己想要达到的运动效果，就可以制作简单的小特效。

3. 透明度动画

在讲解特效控制台面板的时候就可以看到，运动面板下就是透明度面板，其实制作透明度动画和制作运动动画是一样的。下面讲解透明度动画。

我们还是使用之前的"图片01"~"图片04"的素材，所以在这里，我们直接从透明度动画的制作开始讲解。

首先双击"图片02"，然后在监视器窗口中单击"特效控制台"，如图2-68所示。

图 2-68

在"特效控制台"面板中选择"透明度"，单击"透明度"面板前的小三角，展开"透明度"面板，如图2-69所示。

可以看到，在"透明度"面板下，有"透明度"和"混合模式"两个选项。透明度：调节影片的透明度；混合模式：影片以什么样的方式进行叠加，具体选项如图2-70所示。

图 2-69　　　　　　　　　　　　　　图 2-70

在没有进行任何操作的情况下，我们先看一下图片的"透明度"，如图 2-71 所示。

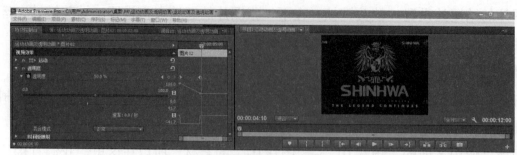

图 2-71

下面进行"透明度"的制作，单击"透明度"前的码表 ，设置关键帧，如图 2-72 所示。

图 2-72

可以看到，在没有调节"透明度"之前，"图片 02"的"透明度"为 100%，下面移动"时间线"指针，如图 2-73 所示。

图 2-73

在图 2-74 所示的位置再添加一帧"关键帧"，并将"透明度"调节至 50%，如图 2-74 所示。

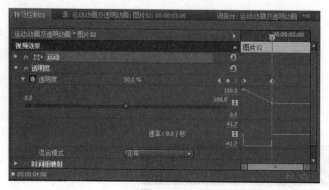

图 2-74

再来看一下，调节"透明度"以后图片的变化，如图2-75所示。

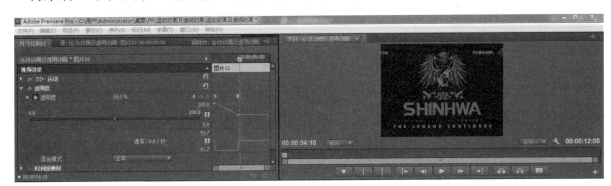

图2-75

可以发现，图片的"透明度"相比原来已经降低。调节前后的对比如图2-76和图2-77所示。

图2-76（调节前）

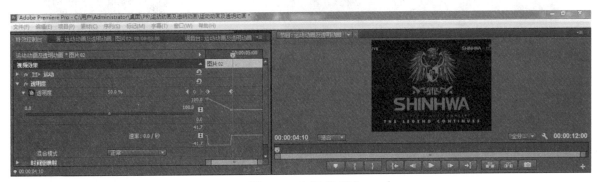

图2-77（调节后）

这样可以明显地看出两张图的"透明度"的不同。这样，透明度动画就制作完成了。

2.6　项目总结

　　本项目的主要内容是认识 Premiere 软件的特效应用，详细地介绍了 Premiere 的各大特效功能。通过"扭曲"特效的应用，举一反三地了解其他特效添加及参数调节的方法。

　　通过对火焰素材的抠像，让读者对键控去背有一个基本的了解，并且介绍了"缩放"和"透明"动画的详细操作方法，为后面的学习打下基础。

2.7　项目拓展

　　制作画中画效果：画中画（图 2-78）是剪辑画面里常用的一种手法，通过缩放、模糊等参数实现该效果。

图 2-78

项目三

制作片花

[3]

3.1　项目描述

本项目主要通过片花效果的实现，讲述利用 Adobe Premiere Pro 进行字幕面板的操作，并在完成项目的过程中，熟悉 Premiere 的各个界面。

3.2　项目知识点

在项目制作片花效果的过程中，详细讲解了项目素材的管理，并初步介绍了字幕特效的运用。

（1）素材的收集与处理。

（2）字幕面板的操作。

3.3　项目实施

3.3.1　新建项目和素材管理

操作视频

1. 新建项目

启动 Adobe Premiere Pro 软件，进入"欢迎界面"，单击"新建项目"按钮，如图 3-1 所示，新建一个项目文件，打开"新建项目"窗口。在位置栏的右侧单击"浏览"按钮，打开"浏览文件夹"窗口，新建或选择存放项目文件的目标文件夹，这里文件夹名称为"片花效果"，项目名称为"片花效果"，如图 3-2 所示。

图 3-1

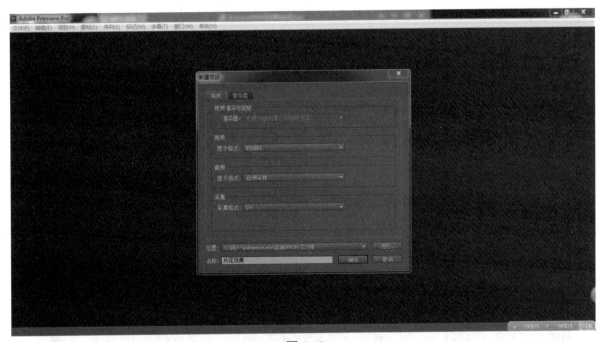

图 3-2

在打开的"新建序列"窗口的"序列预设"下，展开"DV-PA L"栏，选择"标准48kHz"，将画面大小设置为"720×576"的尺寸，确认帧速率是25帧/秒，名称栏为项目名称，此处为"片花效果制作"，单击"确定"按钮进入操作界面，如图3-3所示。

图 3-3

2. 导入素材

在项目窗口空白处双击（或直接单击菜单命令"文件 > 导入"），打开"导入"对话框，选中所需的素材，单击"打开"按钮，将素材导入 Premiere 中，如图 3-4 所示。

图 3-4

3.3.2　创建字幕

（1）将影片"shinhwa1"放入时间轨道内，如图 3-5 所示。

（2）选择"字幕 > 新建字幕 > 基于模板"，如图 3-6 所示。

（3）单击"基于模板"，弹出字幕编辑面板，如图 3-7 所示。

图 3-5

图 3-6

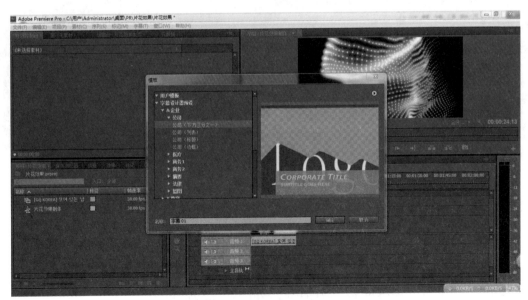

图 3-7

（4）在左边模板中选择自己所需要的模板。例如，"字幕设计器预设—C 娱乐—现代音乐—现代音乐（下方三分之一）"。下面的名称改为"shinhwa"。单击"确定"按钮，如图3-8所示。

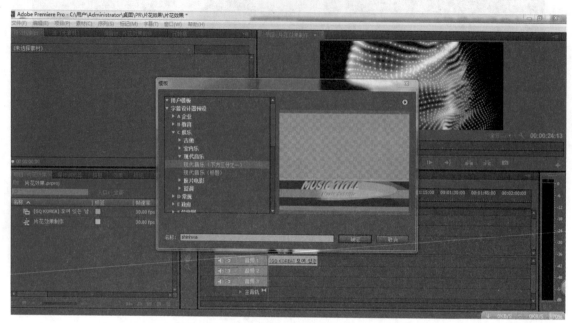

图 3-8

（5）单击"确定"按钮以后，会自动弹出"字幕模板"对话框，如图 3-9 所示。

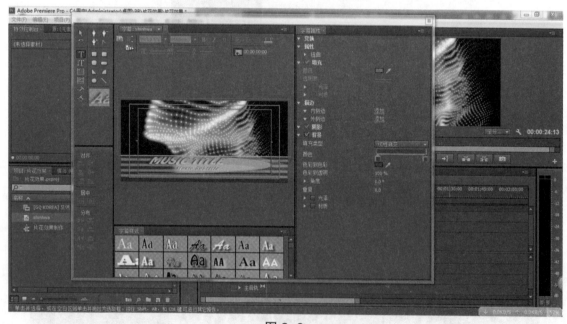

图 3-9

单击"字幕 > 新建字幕 > 默认静态字幕"，如图 3-10 所示。

打开以后，会出现一个对话框，如图 3-11 所示。

默认上面的选项，名称改为自己想要显示的字幕，在这里改为"shinhwa"。单击"确定"按钮以后，会弹出"字幕面板"对话框，如图 3-12 所示。

图 3-10

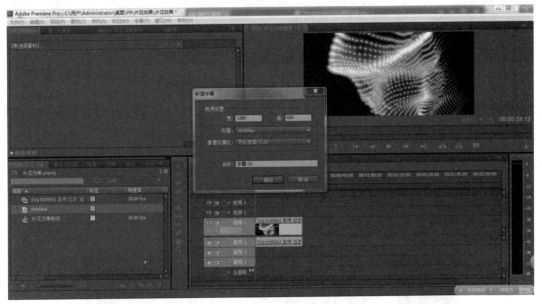

图 3-11

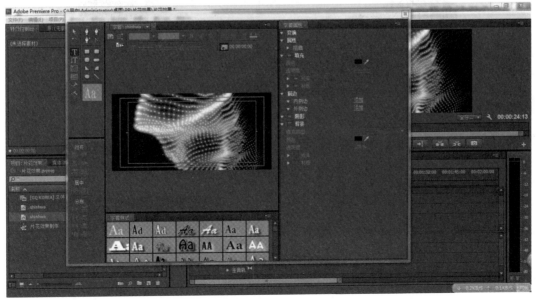

图 3-12

选择面板最顶端的 ▇ 模板按钮，同样可以看到模板的对话框，如图 3-13 所示。

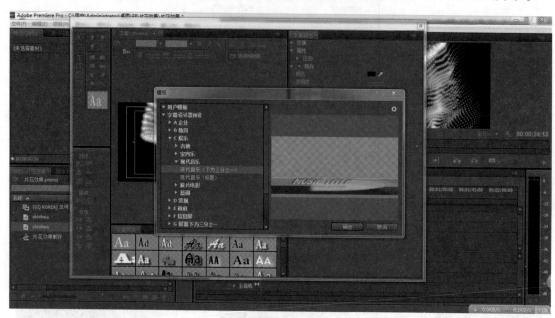

图 3-13

选择之前的"现代音乐"模板，继续刚才的操作，选择"字幕设计器预设—C 娱乐— 现代音乐—现代音乐（下方三分之一）"，单击"确定"按钮。

（6）需要注意的是，在文字输入框的范围内，原始的"MUSICTITLE"是在最内部的文字安全输入框的范围内，所以，在更改上面的文字时，也要把它放置于文字安全输入框的范围内，如图 3-14 所示。

图 3-14

（7）双击"MUSICTITLE"，文字被选中，如图 3-15 所示。

更改我们所需要的文字，这里改为"SHINHWA"，如图 3-16 所示。

图 3-15

图 3-16

修改完毕以后单击"关闭"按钮，我们可以看到，字幕面板的内容被自动添加到了项目窗口的位置，如图 3-17 所示。

（8）下面把字幕也移动到时间轴上，移动的位置放置在导入素材的上面，如图 3-18 所示，这样就可以起到叠加的效果。

图 3-17

图 3-18

（9）设置好以后，可以按空格键播放。播放时，字幕的模板一直出现在导入素材的上面，这样片花效果就做好了。当然，读者可以根据自己的不同需要选择不同的模板。

（10）如果发现原素材的大小不合理，可以在监视器窗口的"特效控制台"上进行大小和位置的移动，如图 3-19 所示。

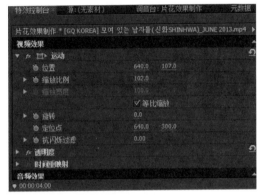

图 3-19

3.3.3　添加音效

首先在项目窗口空白处双击（或直接单击菜单命令"文件 > 导入"），打开"导入"对话框，选中所需的音效素材和"1.mp3"，单击"打开"按钮，将素材导入 Premiere 中，如图 3-20 所示。

图 3-20

按住鼠标左键将导入的素材"1.mp3"拖拽到"音频 1"轨道上，如图 3-21 所示。

图 3-21

这样，就完成了音效的添加。

3.4 项目总结

本项目通过一个"片花"小案例的讲解，让读者初步了解了剪辑的流程，并加强了对软件的操作熟练度。

3.5 项目拓展

制作导视系统：片花效果中应用到的字幕制作手法，在一些电视节目的导视系统里也是常用的，利用 Premiere 软件的字幕系统和剪辑功能，完成一个导视系统的制作（图 3-22）。

图 3-22

项目制作篇

项目四

儿童电子
相册

4

4.1 项目描述

本项目主要介绍使用 Adobe Premiere Pro 制作儿童电子相册，通过完成儿童电子相册的过程，系统地了解视频制作的整个流程，同时进一步巩固和强化前面所学的知识点和操作技能。

4.2 项目知识点

在"我的宝贝"项目制作过程中，讲解了素材图像的预览与导入、添加背景音乐、创建字幕标题、编辑素材、为素材添加特效或转场效果等知识。

（1）素材的收集与处理。

（2）拖动素材到时间线。

（3）为素材添加特效，并在"特效控制台"下调整特效的参数以达到效果；在项目中主要用了"缩放比例"效果。

（4）制作简单字幕。

（5）背景音乐剪辑与处理。

（6）影片导出的设置。

4.3 项目实施

操作视频

4.3.1 素材的导入与管理

1. 新建项目

（1）启动 Adobe Premiere Pro 软件，进入"欢迎界面"，如图 4-1 所示。单击"新建项目"按钮，新建一个项目文件，打开"新建项目"窗口。在位置栏的右侧单击"浏览"按钮，打开"浏览文件夹"窗口，新建或选择存放项目文件的目标文件夹，项目名称为"我的宝贝"，如图 4-2 所示。

图 4-1

图 4-2

（2）在打开的"新建序列"窗口的"序列预设"下，展开"DV-PAL"，选择国内电视制式通用的"DV-PAL"下的"标准 48kHz"。序列名称栏为项目名称，此处为"儿童电子相册01"，如图 4-3 所示。单击"确定"按钮进入操作界面。

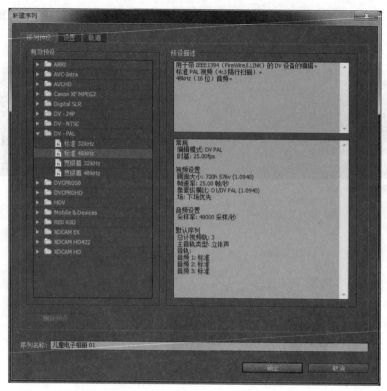

图 4-3

　　项目的格式也可以通过新建项目窗口下的"设置"来设置，单击"设置 > 编辑模式"，在"编辑模式"中有很多视频的格式，选择"自定义"，可以根据项目要求更改"画面大小""场序"等选项，如图 4-4 所示。

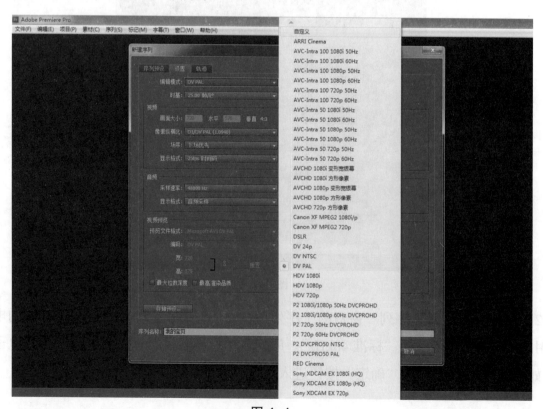

图 4-4

2. 常规设置

（1）选择菜单命令"编辑 > 首选项 > 常规"，在弹出的对话框中，将"静帧图像默认持续时间"改为"75 帧"，然后单击"确定"按钮，完成操作，如图 4-5 和图 4-6 所示。

图 4-5

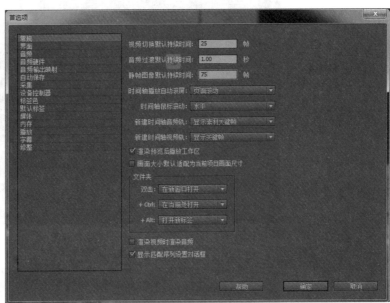

图 4-6

（2）单击"首选项 > 界面"，如图 4-7 所示。通过滑动亮度滑块，调节整个界面的亮度，向左滑动界面变暗，向右滑动界面变亮。

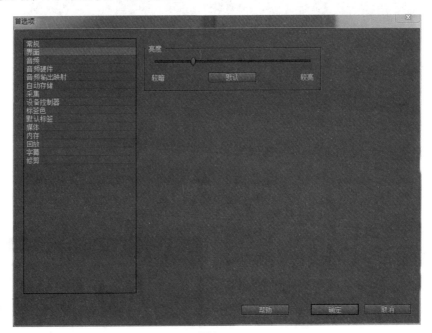

图 4-7

（1）单击"首选项 > 媒体"，如图 4-8 所示。"媒体高速缓存文件"是软件的缓存存储的位置，单击"浏览"按钮选择存储的位置。

（2）单击"首选项 > 内存"，如图 4-9 所示。"内存"是为软件缓存所保留的内存大小，数值可以更改。

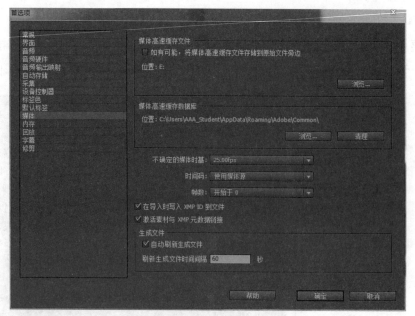

图 4-8

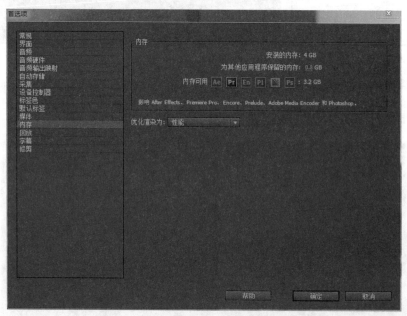

图 4-9

3. 导入素材及管理

（1）在项目窗口空白处双击（或直接单击菜单命令"文件 > 导入"），打开"导入"对话框，选中所需的素材，单击"打开"按钮，将素材导入 Premiere 中，如图 4-10 所示。

（2）在项目窗口的空白处单击右键，选择"新建文件夹"，如图 4-11 所示；把创建的文件夹命名为"图片"，如图 4-12 所示。

图 4-10

图 4-11

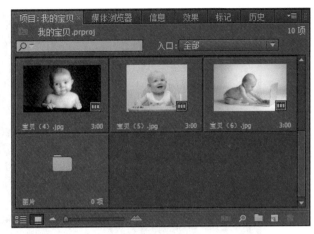

图 4-12

（3）将宝贝照片素材和"背景图"拖拽到"图片"文件夹中。

4.3.2　影片的剪辑

（1）将照片背景素材"背景图"拖入时间线到"视频 1"轨道上，如图 4-13 所示。

图 4-13

（2）由于照片背景素材过大，节目窗口无法全部显示出来，需要调整素材的大小，首先单击"背景图 > 源窗口 > 特效控制台 > 运动 > 缩放比例"，把"缩放比例"的数值改为"27.0"，如图 4-14 所示。

（3）右键单击"背景图 > 速度 / 持续时间"，打开"素材速度 / 持续时间"窗口，将"持续时间"改为"00:00:18:00"，如图 4-15 所示。"视频 1"轨道上的"背景图"素材末端在 19 秒处，如图 4-16 所示。

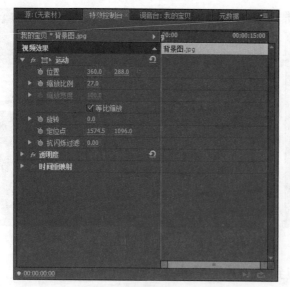

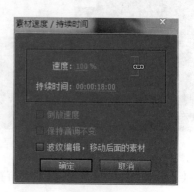

图 4-14

图 4-15

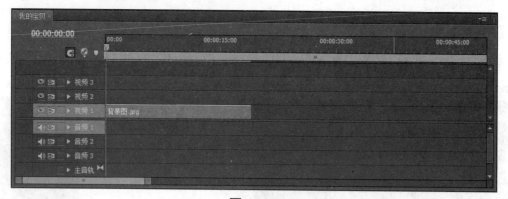

图 4-16

（4）在项目窗口中依次选择 6 张图片，将所选的 6 张图片依次拖到时间线"视频 2"轨道上，如图 4-17 所示。

图 4-17

（5）在时间线"视频2"轨道上选中素材"宝贝（1）.jpg"，然后在特效控制台下单击"视频效果 > 运动 > 缩放比例"，将其参数更改为"29"，分别调整其他"宝贝"图片素材的大小，并移动到合适位置，如图4-18所示。

图4-18

4.3.3　字幕的制作

（1）选择菜单命令"文件 > 新建 > 字幕"，如图4-19所示，在弹出的"新建字幕"窗口中，默认名称，单击"确定"按钮，弹出字幕设计窗口。

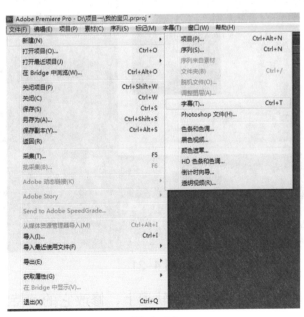

图4-19

（2）在弹出的字幕设计窗口中选择"垂直文字工具" IT 创建文字，在"字幕样式"中选择一种字体；在字幕属性中，将文字的"字体"设为"SimSun"，"字体大小"设为"90.0"，用"选择工具" ► 将创建好的文字移到合适处，如图 4-20 所示。

图 4-20

（2）单击"字幕属性 > 填充 > 颜色"，将颜色改为粉色，如图 4-21 所示。关闭窗口，字幕创建完成。

图 4-21

（3）将字幕拖入时间线上的"视频 3"轨道上，修改它的"持续时间"，使其显示时间与其他轨道相同，如图 4-22 所示。

图 4-22

4.3.4 音频的编辑

（1）将音频文件"NewMorning"拖到时间线"音频 1"轨道最左端，如图 4-23 所示。

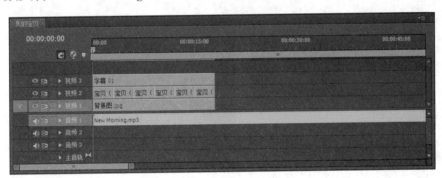

图 4-23

（2）将时间指针移动到轨道最左端，按空格键试听音乐素材，接下来对音频"New Morning"进行编辑。

（3）选中音频文件，在 18 秒处用"剃刀"工具 单击素材，将素材剪开，如图 4-24 所示。

图 4-24

（4）不需要音频后面部分，将其选中，按键盘上的"Delete"键清除，如图 4-25 所示。

图 4-25

4.3.5　影片输出

（1）选择菜单命令"文件 > 导出 > 媒体"（或者按快捷键"Ctrl+M"），弹出"导出设置"窗口，如图 4-26 所示。

图 4-26

（2）在"输出名称"处单击，然后在弹出的"另存为"对话框中，选择要保存的路径，将"文件名"改为"我的宝贝"，单击"保存"按钮，回到"导出设置"窗口，如图 4-27 所示。

（3）回到"导出设置"面板处，将"格式"改为"H.264"，单击"导出"按钮将影片输出，如图 4-28 所示。

Premiere 常用的输出格式有 MOV、AVI，在"格式"中选择"QuickTime"，即 MOV 格式。

图 4-27

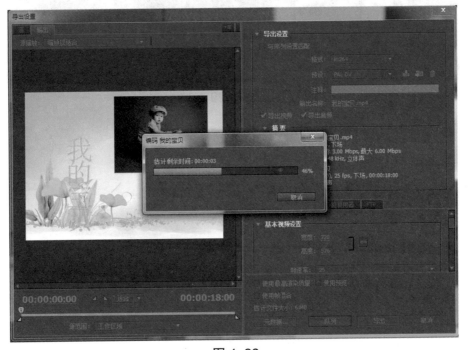

图 4-28

4.4　项目总结

　　本项目的重点是通过完整的电子相册制作案例，让读者熟悉和了解剪辑的一般流程，对影片的输出设置也做了详细的讲解。

4.5 项目拓展

电子相册制作：电子相册（图4-29）的制作是剪辑里最基础的技能应用，通过对素材的筛选和顺序的摆放，以及为素材与素材之间添加不同的视频特效，让静止的图片素材能更生动地展现在观众面前，再添加上匹配画面节奏的音乐，让人印象深刻。读者可根据本项目学习的内容，对自己的生活照片进行剪辑，制作一个属于自己的电子相册。

图4-29

项目五

栏目包装
片头制作

5

5.1　项目描述

　　本项目主要通过"音乐榜片头"的制作，讲述利用 Adobe Premiere Pro 进行栏目包装片头的镜头剪接，并在制作的过程中，掌握字幕特效的制作。

　　本项目所涉及的内容有：镜头剪辑、创建字幕、添加字幕特效、输出合成等。

5.2　项目知识点

　　在"音乐榜片头"项目制作过程中，详细讲解了项目素材的管理、背景音乐的添加、镜头剪接、字幕特效及转场效果等知识。

　　（1）素材的收集与处理。

　　（2）镜头挑选。

　　（3）剪辑素材并为素材添加特效，以及在"特效控制台"下调整"透明度"等效果。

　　（4）制作字幕特效。

　　（5）背景音乐的编辑。

　　（6）影片导出的设置。

5.3　项目实施

5.3.1　素材的导入与管理

操作视频

1. 新建项目

　　（1）启动 Adobe Premiere Pro 软件，新建一个项目文件，在"位置"栏设置工程文件的存储位置，"名称"栏输入项目名称"音乐榜"，单击"确定"按钮，如图 5-1 所示。

图 5-1

（2）在打开的"新建序列"窗口的"序列预设"下，展开"DV-PAL"，选择"标准 48kHz"。序列名称栏为项目名称，此处为"音乐榜"，如图 5-2 所示，单击"确定"按钮进入操作界面。

图 5-2

2. 导入素材

（1）单击菜单命令"文件 > 导入"，如图 5-3 所示。

图 5-3

（2）打开"导入"对话框，选中所需的素材，单击"打开"按钮，将素材导入 Premiere 中，如图 5-4 所示。

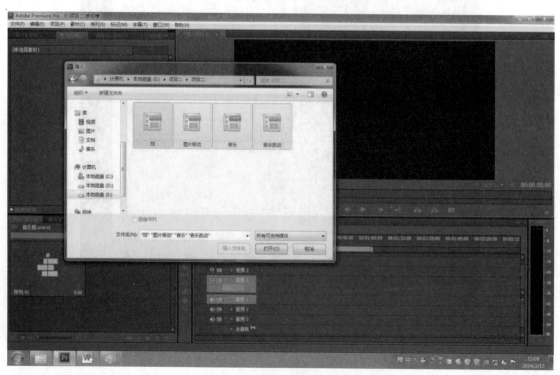

图 5-4

5.3.2　影片剪辑

我们通常可通过摄影机所拍摄出来的画面看出拍摄者的意图，从拍摄的主题及画面的变化，去感受拍摄者透过镜头所要表达的内容，也就是一般所讲的"镜头语言"。

我们都知道，无论是什么影视节目，都是由一系列的镜头按照一定的排列次序组接起来的。这些镜头之所以能够延续下来，使观众能从影片中看出它们融合为一个完整的统一体，那是因为镜头的发展和变化要服从一定的规律。

镜头组接要遵循"动接动""静接静"的规律，如果画面中同一主体或不同主体的动作是连贯的，可以动作接动作，达到顺畅、简洁过渡的目的，简称为"动接动"。如果两个画面中的主体运动是不连贯的，或者它们中间有停顿时，那么这两个镜头的组接，必须在前一个画面主体做完一个完整动作停下来后，接上一个从静止到开始的运动镜头，这就是"静接静"。

影视节目的题材、样式、风格以及情节的环境气氛、人物的情绪、情节的起伏跌宕等是影视节目节奏的总依据。影片节奏除了通过演员的表演、镜头的转换和运动、音乐的配合、场景的时间空间变化等因素体现外，还需要运用组接手段，严格掌握镜头的尺寸和数量。整理调整镜头顺序，删除多余的枝节才能完成。

处理影片节目的任何一个情节或一组画面，都要从影片表达的内容来处理节奏问题。如果在一个宁静祥和的环境里用了快节奏的镜头转换，就会使得观众觉得突兀跳跃，心里难以接受。

（1）在"项目"窗口中依次将视频素材"图片移动""音乐跳动""球"拖入时间线到"视频 1"轨道上，如图 5-5 所示。

图 5-5

（2）将时间指针放到第 0 帧，按空格键播放视频或者单击"节目"窗口中的播放按钮 ▶ 进行播放预览。

（3）首先对"图片移动"素材进行剪辑，左键单击时间码 `00:00:00:00`，将时间调整为 00:00:03:12，此时时间指针移动到相应位置，如图 5-6 所示。

图 5-6

（4）在时间线窗口中将鼠标移动到"图片移动"素材的开始位置，单击时会出现一条红色竖线，如图 5-7 所示。

图 5-7

（5）按住鼠标左键向右拖动竖线，当竖线到达时间指针的位置时，松开鼠标，这样前面这一段视频就被剪掉了，如图 5-8 所示。或者使用时间线窗口左侧的"剃刀"工具 ◆，按快捷键"C"，在时间指针所在位置单击即可剪开视频，单击所要删除的一段再按键盘上的"Delete"键。

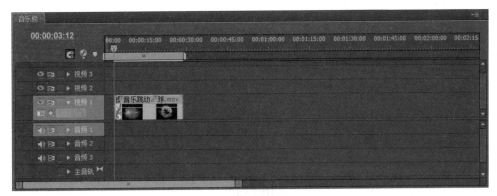

图 5-8

（6）接下来对"球"素材进行剪辑，单击时间码 00:00:00:00，将时间调整为 00:00:21:07，将鼠标移动到"球"素材结束的位置单击，将竖线移动到时间指针位置，松开鼠标，完成"球"素材的剪辑，如图 5-9 所示。

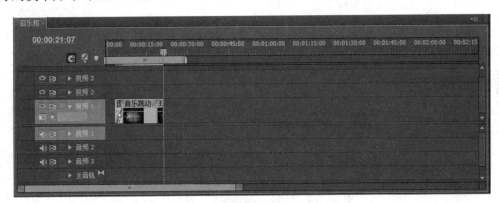

图 5-9

（7）将素材移动到"视频 1"轨道的开始位置，如图 5-10 所示。

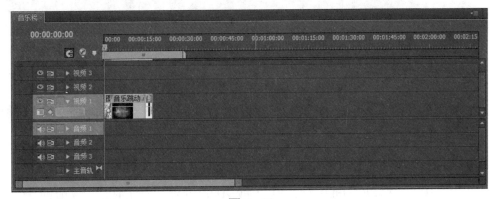

图 5-10

（8）单击时间码 00:00:00:00，将时间调整为 00:00:01:16，鼠标移动"图片移动"素材到"视频 2"轨道的相应时间位置，再将"音乐跳动"素材移动到 2 秒 9 帧的位置，"球"素材顺势前移，如图 5-11 所示。

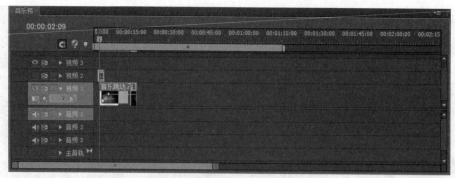

图 5-11

（9）选择"图片移动"素材，在"源"窗口中单击"特效控制台 > 视频效果"，给素材添加效果，如图 5-12 所示。

图 5-12

（10）找到"视频效果 > 透明度"，单击"透明度"左侧的小三角 ▶，打开下拉菜单。在"透明度"左侧的按钮 点开的情况下，右侧的"添加 / 移除关键帧"按钮 ◇ 就会显示出来，如图 5-13 所示。

（11）将时间指针调到 1 秒 16 帧处，单击"添加 / 移除关键帧"按钮创建一个关键帧，"透明度"数值为 100；移动时间指针，在 2 秒 20 帧处将"透明度"数值改为 30，此时自动生成关键帧；在 4 秒 13 帧处将"透明度"数值改为 0，如图 5-14 所示。

图 5-13

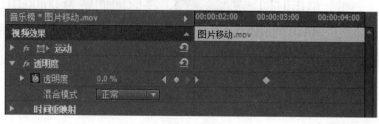

图 5-14

（12）选择"图片移动"素材，在左下角的效果面板中找到"效果 > 视频特效"，如图 5-15 所示。

（13）在"视频特效"下的选项中单击"生成"左侧的小三角  ，在打开的下拉菜单中选择"渐变"，如图 5-16 所示。

图 5-15

图 5-16

（14）鼠标左键拖拽"渐变"到"图片移动"素材上，此时"特效控制台"中增加了"渐变"效果，如图 5-17 所示。

（15）单击"渐变"下拉菜单，把"渐变起点"的数值分别改为"351.0"和"272.0"；更改"渐变终点"的数值为"315.0"和"934.0"；把"起始颜色"改为白色，"结束颜色"改为紫色；"渐变形状"改为"径向渐变"；"与原始图像混合"的数值改为 90.0%，如图 5-18 所示。

图 5-17

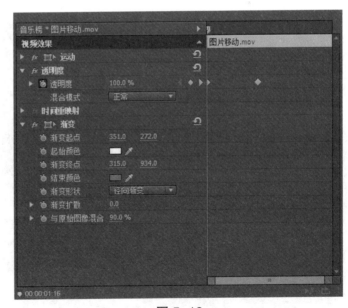

图 5-18

（16）将"球"素材拖到"视频 2"轨道，放在 14 秒 14 帧的位置。在左下角选择"效果 > 视频切换"，如图 5-19 所示。

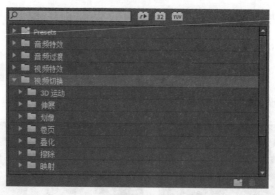

图 5-19

（17）在左下角面板中找到"视频切换 > 伸展 > 伸展进入"，将"伸展进入"拖拽到"球"素材的开始位置，如图 5-20 所示。

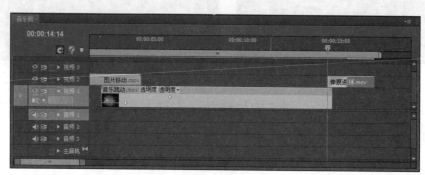

图 5-20

（18）单击"球"素材上的"伸展进入"切换特效，"特效控制台"会显示"伸展进入"效果的参数，如图 5-21 所示。

图 5-21

（19）在"特效控制台"中把"伸展进入"特效下的"持续时间"修改为00:00:00:18，如图5-22所示。

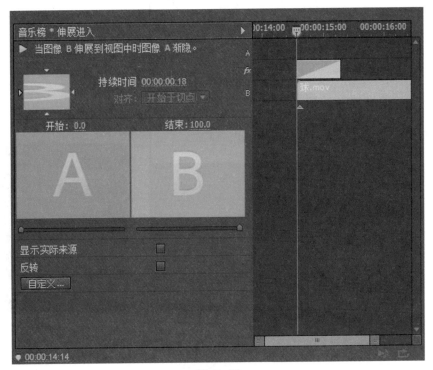

图 5-22

（20）最后框选所有视频，整体移动视频素材到第0帧，如图5-23所示。

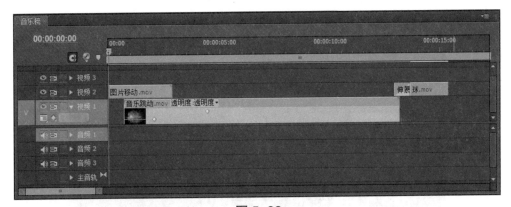

图 5-23

5.3.3　字幕特效的制作

（1）选择菜单命令"文件 > 新建 > 字幕"，如图5-24所示。

（2）在弹出的"新建字幕"窗口中使用默认名称"字幕01"，单击"确定"按钮，弹出字幕设计窗口，如图5-25所示。

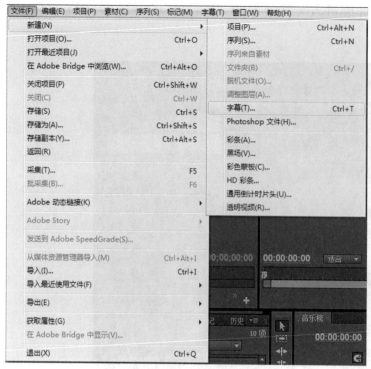

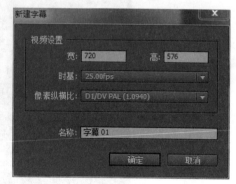

图 5-24

图 5-25

（3）在弹出的字幕设计窗口中选择"输入工具"，在"字幕样式"中选择一种字体；在窗口右侧的"字幕属性"中将文字的"字体"设为"SimSun"，输入文字"不一样的音乐地带"，"字体大小"设为"69.0"，用选择工具将创建好的文字移到合适处，关闭窗口，字幕创建完成，如图 5-26 所示。

图 5-26

（4）将"字幕 01"拖拽到"视频 3"轨道，起始时间为第 1 秒，结束时间为 4 秒 7 帧，在左下角找到"效果 > 视频切换"，单击"擦除"，如图 5-27 所示。

图 5-27

（5）在选项中将"时钟式划变"拖拽到"字幕 01"的开头，如图 5-28 所示。

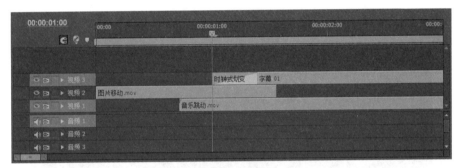

图 5-28

（6）单击"字幕 01"上的"时钟式划变"，源窗口上的"特效控制台"中会显示"时钟式划变"的参数列表，如图 5-29 所示。

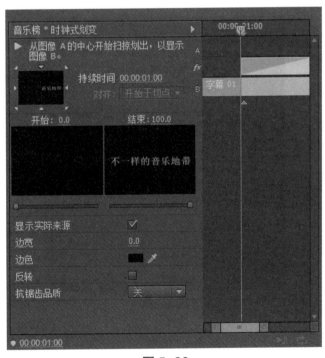

图 5-29

（7）将"持续时间"修改为 10 帧 持续时间 00:00:00:10；在左下角面板中选择"效果 > 视频切换 > 缩放 > 缩放拖尾"，如图 5-30 所示。

图 5-30

（8）将"缩放拖尾"拖拽到"字幕 01"的结尾，如图 5-31 所示。

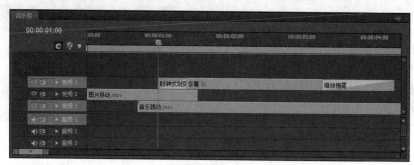

图 5-31

（9）打开"缩放拖尾"的参数列表，将"结束"修改为"74.0"，如图 5-32 所示。

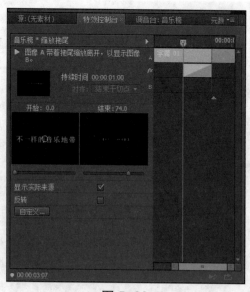

图 5-32

（10）创建"字幕 02"，将时间指针放到 4 秒 24 帧的位置，在"字幕样式"中选择一种字体；在"字幕属性"中将文字的"字体"设为"SimSun"，输入文字"欧美畅销精选"，为了使字幕与视频素材搭配，将字幕的"旋转"改为"5.0°"；将"字体大小"设为"38.0"，

"纵横比"为"112.0%","倾斜"改为"-5.0°"。移动文字到合适处,如图5-33所示。

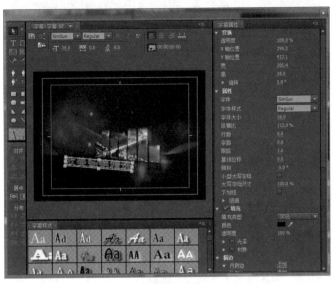

图 5-33

（11）将"字幕02"拖到"视频3"轨道上,开始时间为4秒24帧,结束时间为8秒18帧。

（12）配合视频素材的画面,对字幕的运动进行调整。单击"字幕02",在"特效控制台 > 运动 > 位置"中,将时间指针放在字幕开始处,单击"位置"左侧的 按钮,产生一个关键帧,时间指针在8秒18帧处将"位置"的横、纵坐标数值改为"425.0"和"301.0",如图5-34所示。

（13）在左下角面板中找到"效果 > 视频特效 > 风格化 >Alpha 辉光",如图5-35所示。

图 5-34

图 5-35

（14）将"Alpha 辉光"拖拽到"字幕02"上,单击"特效控制台 >Alpha 辉光",调整参数,将"发光"和"亮度"分别改为"5"和"218","起始颜色"改为紫色,如图5-36所示。

图 5-36

（15）创建"字幕03"，同样将时间指针放到4秒24帧的位置，在"字幕样式"中选择一种字体；在"字幕属性"中将文字的"字体"设为"SimSun"，输入文字"华语流行音乐"，将字幕的"旋转"改为"1.0°"，将"字体大小"设为"45.0"。将文字移到合适的位置，如图 5-37 所示。

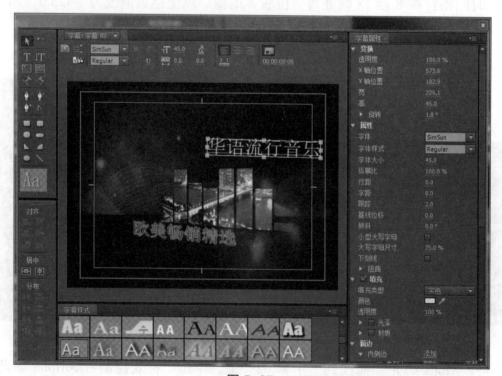

图 5-37

（16）将"字幕03"拖到"视频2"轨道上，起始时间和结束时间与"字幕02"相同，如图 5-38 所示。

图 5-38

（17）单击"字幕 03> 特效控制台 > 运动 > 位置"，将时间指针放在字幕开始处，单击"位置"左侧的 按钮，产生一个关键帧，时间指针在 8 秒 18 帧处将"位置"的横坐标数值改为"276.0"，产生一个关键帧，如图 5-39 所示。

（18）创建"字幕 04"，在"字幕样式"中选择一种字体；在"字幕属性"中将文字的"字体"设为"SimSun"，输入文字"震撼的视听感受"，"字体大小"设为"48.0"，将创建好的文字移到合适的位置，如图 5-40 所示。

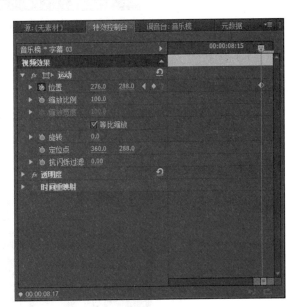

图 5-39

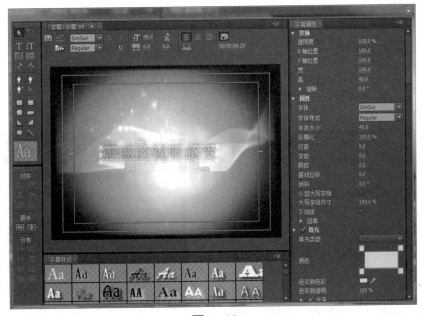

图 5-40

（19）将"字幕 04"拖拽到"视频 3"轨道上，起始时间为 8 秒 20 帧，结束时间为 13 秒 4 帧。

（20）单击"字幕04"，在"特效控制台＞运动＞位置"中，根据视频素材的画面，在13秒处创建一个关键帧，数值不变，在13秒3帧处创建一个关键帧，将"位置"的横、纵坐标数值改为"360.0""288.0"，如图5-41所示。

图 5-41

（21）选择"运动＞缩放宽度"，此时"缩放宽度"选项呈灰色无法操作，单击"等比缩放"前的☑，"缩放宽度"即可使用。

（22）将时间指针放到"字幕04"的起始位置，创建关键帧，将"缩放宽度"的数值改为"0"；时间指针放在9秒2帧的位置，将"缩放宽度"的数值改为"100.0"，自动生成一个关键帧，如图5-42所示。

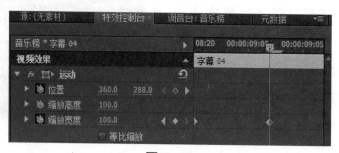

图 5-42

（23）在左下角面板选择"效果＞视频特效＞生成＞闪电"，如图5-43所示，将"闪电"拖拽到"字幕04"上。

（24）单击"字幕04"，找到"特效控制台＞闪电"，将"起始点"的横坐标改为"150.0"，"结束点"的横坐标改为"526.0"，如图5-44所示。

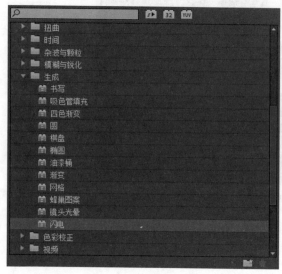

图 5-43

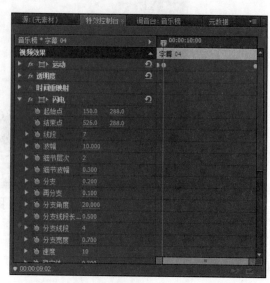

图 5-44

（25）创建"字幕05"，选择一种字体，在"字幕属性"中将文字的"字体"设为"SimSun"，输入文字"音乐榜"，"字体大小"设为"104.0"，"字距"为"43.0"，将创建好的文字移到合适处，如图5-45所示。

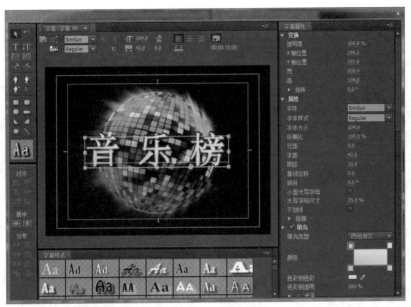

图 5-45

（26）将"字幕05"拖拽到"视频3"轨道上，起始时间为13秒10帧，结束时间与视频素材相同；在左下角面板中选择"效果 > 视频特效 > 杂波与颗粒 > 中值"，将"中值"拖拽到"字幕05"上，如图5-46所示。

（27）单击"字幕05> 特效控制台 > 中值"，把时间指针放到"字幕05"的开始处，单击"半径"前的 ，将"半径"的数值改为"50"，创建关键帧；将时间指针放到14秒2帧，把"半径"数值调为"0"，勾选"在 Alpha 通道上操作"，如图5-47所示。

图 5-46

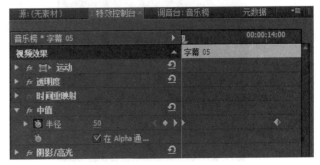

图 5-47

（28）在左下角面板中选择"效果 > 视频特效 > 调整 > 阴影 / 高光"，如图5-48所示，将"阴影 / 高光"拖拽到"字幕05"上。

（29）在左下角面板中选择"效果 > 视频特效 > 风格化 >Alpha 辉光"，把"Alpha 辉光"拖拽到"字幕 05"上。

（30）"Alpha 辉光"中的"发光"数值改为"8"，亮度改为"128"，"起始颜色"为黄色，如图 5-49 所示。

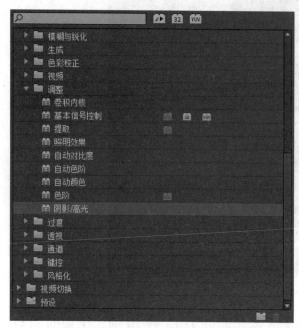

图 5-48

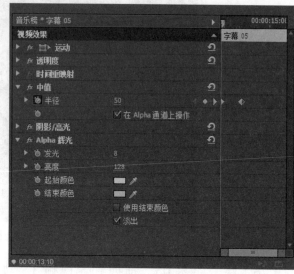

图 5-49

接下来讲解在工作中常用的几类字幕特效的制作。

1. 滚动字幕的制作

（1）选择菜单命令"字幕 > 新建字幕 > 默认滚动字幕"，如图 5-50 所示。

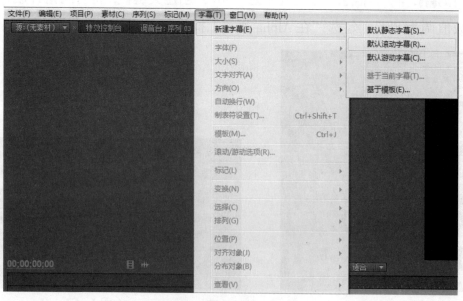

图 5-50

（2）在弹出的"新建字幕"窗口中输入名称"滚动字幕"，单击"确定"按钮，弹出字幕设计窗口，如图 5-51 所示。

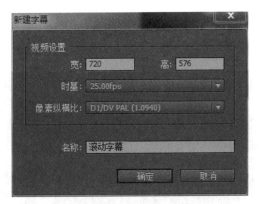

图 5-51

（3）在弹出的字幕设计窗口选择"输入工具"  ，在"字幕样式"中选择一种字体；在窗口右侧的"字幕属性"中将文字的"字体"设为"SimSun"，输入文字，如图 5-52 所示。

图 5-52

（4）单击窗口上方的"滚动 / 游动选项" ，弹出"滚动 / 游动选项"窗口，勾选"开始于屏幕外"和"结束于屏幕外"，单击"确定"按钮，如图 5-53 所示。

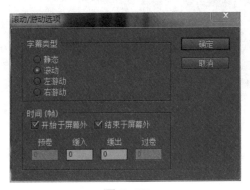

图 5-53

（5）关闭字幕设计窗口，将"滚动字幕"拖拽到"视频1"轨道上，按空格键播放观看，如图 5-54 所示。

图 5-54

2. 字幕样式的编辑

（1）创建"字幕01"，打开字幕设计窗口，选择一种字幕样式，以 AA 这种字体为例，"字体"设为"SimSun"，输入文字，如图 5-55 所示。

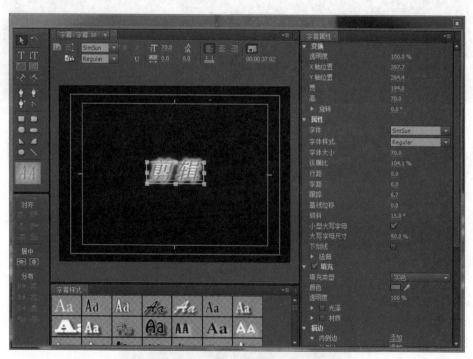

图 5-55

（2）字幕的默认属性发生改变，如图5-56所示。

图 5-56

（3）可以根据项目要求更改字幕的属性，选择"字幕属性＞填充＞颜色"，如图5-57所示，将原来的蓝色换成橘黄色；将"阴影"的颜色换成蓝色，并把"透明度"改为"60%"；选择"阴影＞角度＞大小"，把"大小"的数值改为"40.0"；选择"阴影＞角度＞扩散"，把"扩散"的数值改为"30.0"。

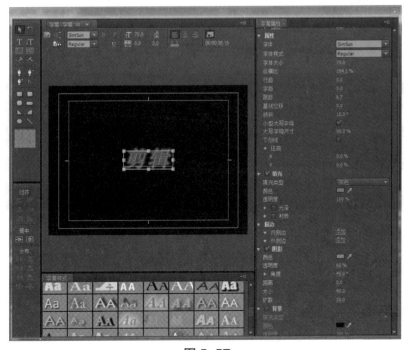

图 5-57

（4）选择"字幕属性＞属性＞扭曲"，把扭曲的"X"值改为"50.0%"，"Y"值改为"30.0%"，如图5-58所示。

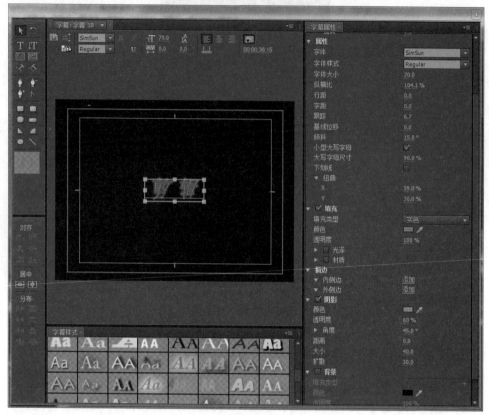

图5-58

（5）关闭字幕设计窗口，将"字幕01"拖拽到"视频1"轨道上，观看效果。

5.3.4　音频的编辑

（1）将音频文件"音乐"导入后，拖到时间线"音频1"轨道最左端，如图5-59所示。

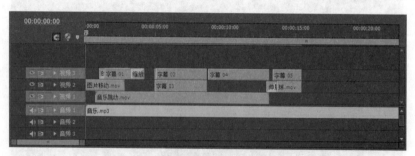

图5-59

（2）按空格键试听一下音频，对音频文件进行剪辑。选中音频文件，把时间指针调到17秒13帧，用"剃刀"工具■在时间指针所在位置单击，剪开音频，并将指针左侧的素材删除，如图5-60所示。

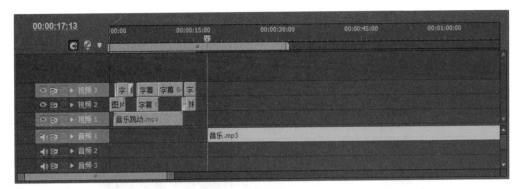

图 5-60

（3）将音频素材拖拽到轨道的最左端，把时间指针放到视频素材结束的位置即 15 秒 11 帧处，用剃刀工具剪去时间指针右侧的部分，如图 5-61 所示。

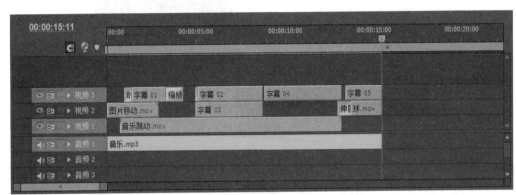

图 5-61

5.3.5　影片输出

在视频输出前先确定好工作区的长度，在时间线窗口中，视频轨道上方有一个两端带黄色小梯形的条带就是合成条，它标示了工作区的长度。可以拖动黄色小梯形来改变工作区的长度，工作区内的部分会被输出，如图 5-62 所示。

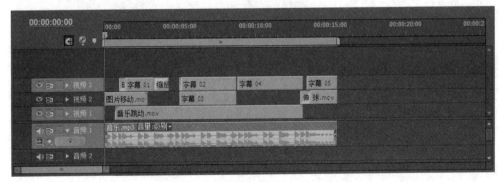

图 5-62

（1）选择菜单命令"文件 > 导出 > 媒体"（或者按快捷键"Ctrl+M"），如图 5-63 所示，弹出"导出设置"窗口。

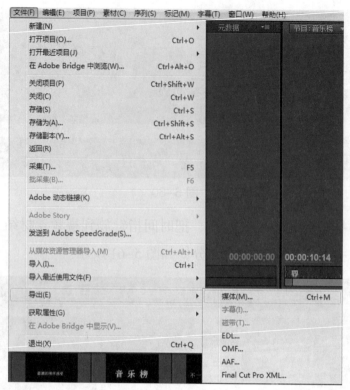

图 5-63

（2）在"输出名称"处单击，然后在弹出的"另存为"对话框中，选择要保存的路径，将"文件名"改为"音乐榜"，单击"保存"按钮，回到"导出设置"窗口，如图 5-64 所示。

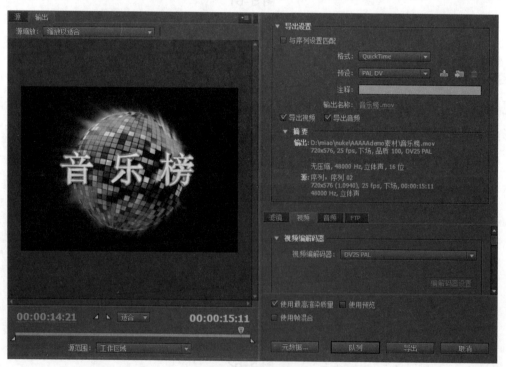

图 5-64

（3）将"视频编解码器"改为"Photo-JPEG"，选择"使用最高渲染质量"，如图 5-65 所示；单击"导出"按钮将影片输出，如图 5-66 所示。

图 5-65

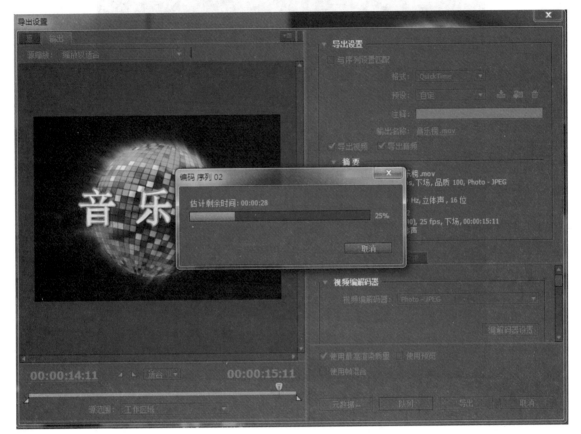

图 5-66

5.4　项目总结

本项目着重讲解了 Premiere 中字幕系统的应用，包括滚动字幕、静止字幕和各类艺术字幕的制作，强化了读者对剪辑工作流程的熟练度。

5.5　项目拓展

　　动态字幕制作：根据本项目所掌握的内容，制作一个滚动字幕屏和艺术字体字幕（图5-67）。

图 5-67

项目六

旅游宣传片片头制作

6.1   项目描述

本项目主要通过"丽江风光"的制作，讲解使用 Adobe Premiere Pro 制作旅游宣传片片头，并在完成的过程中，熟悉 Premiere 对于各类音频的处理技能。

本项目所涉及的内容有：导入素材、添加视频特效、创建字幕、添加音频特效、输出合成等。

6.2   项目知识点

在"丽江风光"项目制作过程中，使用了素材图像的预览与导入、添加背景音乐、创建字幕标题、编辑素材、为素材添加特效或转场效果等知识，这里我们重点讲解 Adobe Premiere Pro 的声音编辑技巧。

（1）素材的收集与处理。

（2）拖动素材到时间线。

（3）为素材添加特效，并在"特效控制台"下调整特效的参数以达到效果；在项目中主要用了"缩放比例""颜色调整"效果。

（4）制作简单字幕。

（5）背景音乐剪辑与处理。

（6）影片导出的设置。

6.3   项目实施

操作视频

6.3.1   素材的导入与管理

1. 新建项目

（1）选择菜单命令"文件 > 新建 > 项目"，新建一个项目文件，打开"新建项目"窗口。

设置好存放项目文件的目标文件夹，并在名称栏中输入"云南丽江"，如图6-1所示。

图6-1

（2）在打开的"新建序列"窗口的"序列预设"下，展开"DV-PAL"，选择"DV-PAL"下的"标准48kHz"。序列名称栏为项目名称，此处为"丽江风光"，单击"确定"按钮进入操作界面，如图6-2所示。

图6-2

2. 导入素材

在项目窗口空白处双击（或直接单击菜单命令"文件 > 导入"），打开"导入"对话框，选中所需的素材，单击"打开"按钮，将素材导入 Premiere 中，如图6-3所示。

图 6-3

6.3.2　影片的剪辑

（1）将视频素材"云南丽江 .mov"拖入到"视频 1"轨道上，这时会弹出一个素材不匹配的提示框，选择"保持现有设置"，如图 6-4 所示。在项目窗口对时间线 1 单击鼠标右键，选择"序列设置"，可以查看当前时间线的参数设置，如图 6-5 所示。

图 6-4

图 6-5

（2）查看视频，对视频进行剪辑处理。选择"剃刀"工具 ，分别在视频的 3 秒 09、4 秒 19、36 秒 06、38 秒 06、54 秒 08、56 秒 14 处使用"剃刀"工具 ，如图 6-6 所示。

图 6-6

（3）可以看出截取的这三段视频与视频整体不符，影响视频美观及观看流畅，所以选择"选取"工具 ，分别选中这三段素材，按键盘上的"Delete"键进行删除，如图 6-7 所示。

图 6-7

（4）用鼠标拖动剪辑好的素材，使其首尾相连，如图 6-8 所示。

图 6-8

（5）为了方便操作的统一性，按住键盘上的"Shift"键，用鼠标加选，把这四段视频素材都加选上，单击鼠标右键，选择"嵌套"，如图6-9所示。

（6）在时间线"视频1"轨道上选中素材，然后在特效控制台下找到"视频效果>运动>缩放比例"，将其参数更改为"102.0"，其参数设置及效果如图6-10所示。

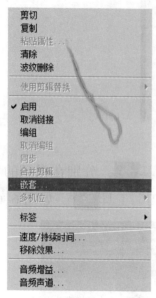

图 6-9

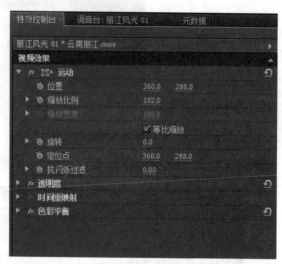

图 6-10

6.3.3　调色

给视频加调色效果，单击左上角的"效果"窗口，在效果栏中找到"预设"，然后依次打开"玩偶视效>调色"，打开"调色"后会出现"常规模拟"和"组合滤镜"两个选项，这里选择"常规模拟"，里面有预置好的颜色方案，选择"色彩平衡-浅冷调（亮）"，如图6-11所示，拖入到时间线"视频1"轨道上。

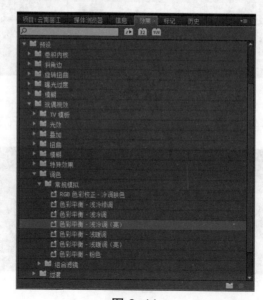

图 6-11

上面所说的是直接应用预置好的效果，这里再讲解一下自己用曲线调整的方法。在"效果"窗口中，依次展开"视频特效 > 色彩校正"，可以看到"RGB 曲线"，"RGB 曲线"经常用来修正画面的明暗和颜色，如图 6-12 所示。

把"RGB 曲线"用鼠标拖动到"视频 1"的素材上，这时在"特效控制台"上就可以看到刚刚加上的特效，如图 6-13 所示。

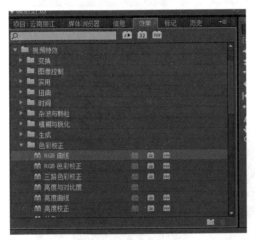

图 6-12

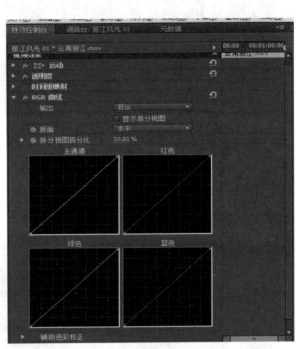

图 6-13

"RGB 曲线"中的主通道包含"红""绿""蓝"三种颜色，调整了主通道就等于改变了这三种颜色，如图 6-14 所示。

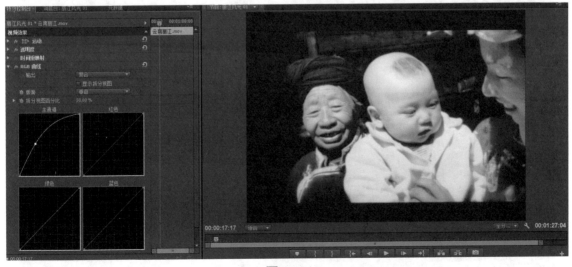

图 6-14

"RGB 曲线"中还分别包含了"红""绿""蓝"三种颜色的通道，用于单独调整某一种颜色，如图 6-15 所示。

图 6-15

调整好颜色后，如果想看原视频的效果，这里有两种方法，一种是勾选"显示拆分视图"，这样视频显示区就分开显示调整前和调整后的效果，如图 6-16 所示。另一种是单击"RGB 曲线"前的特效按钮 *fx*，把特效关掉查看原视频效果，如图 6-17 所示。

图 6-16

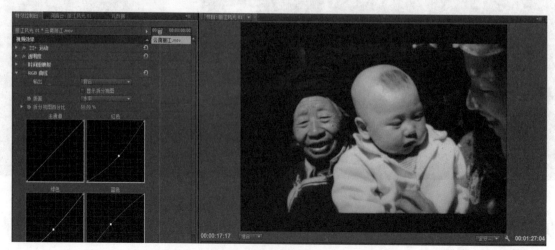

图 6-17

6.3.4　字幕的制作

（1）选择菜单命令"字幕 > 新建字幕 > 默认静态字幕"，如图 6-18 所示，在弹出的"新建字幕"窗口中，默认名称，单击"确定"按钮，弹出字幕设计窗口。

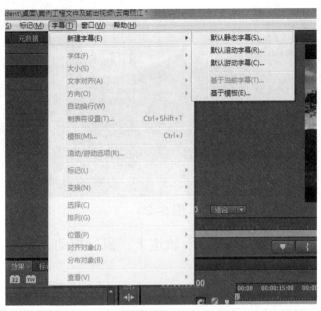

图 6-18

（2）在弹出的字幕设计窗口选择"垂直文字工具" ⅡT 创建文字，如图 6-19 所示。

图 6-19

（3）选择选取工具 把文字拖到合适的位置，这里要注意的是文字一定要放在安全框内，然后将文字的字体设置成"DFkai-SB"，字体大小设置成"80.0"，"字幕样式"选择"方正大标宋"。关闭窗口，文字建立完成，如图 6-20 所示。

图 6-20

（4）将字幕拖入时间线上的"视频 2"轨道上，鼠标拖动，使其显示时间与其他轨道相同，如图 6-21 所示。

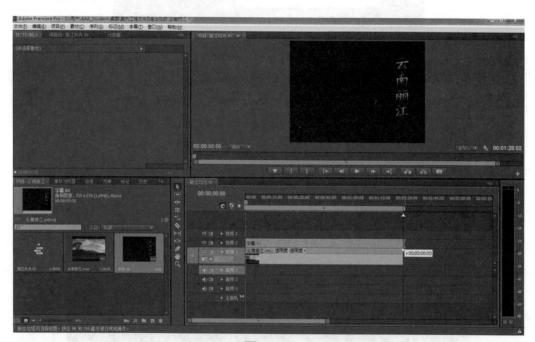

图 6-21

6.3.5　音频的编辑

音效在影片中占有举足轻重的作用，通过各类音效的添加，可以为画面增加节奏感，突出氛围渲染。

影片音乐分为再现性和表现性两种，一般来说，再现性音乐是有声源的，表现性音乐是无声源的。从艺术功能上看，影片音乐分为三大部分：第一部分主要是用来渲染气氛的；第二部分主要是表达人物的内心情感的；第三部分主要是烘托影片主题的。

　　既然声音对影片有如此举足轻重的作用，那么在讲解本案例之前先来了解 Adobe Premiere Pro 的音频功能，以便用这些功能把音乐更好地融入影片之中。

　　Adobe Premiere Pro 音频功能十分强大，不仅可以编辑音频素材、添加音效、单声道混音、制作立体声和 5.1 环绕声，还可以使用时间线窗口进行音频的合成工作。

　　在 Adobe Premiere Pro 中可以很方便地处理音频，同时还提供了一些处理方法，如声音的摇摆和声音的渐变等。

　　调音台界面位于软件的界面左上方，选中调音台会出现橘黄色边框，如图 6-22 所示。

图 6-22

　　"调音台"由若干个轨道音频控制器、主音频控制器和播放控制器组成。每个控制器由控制按钮、调节滑杆调节音频，如图 6-23 所示。

图 6-23

"调音台"面板的最下方是播放控制器，可以在时间显示处单击，写入要开始播放的时间，然后单击"播放 / 停止切换"按钮 ▷ 播放音乐，如图 6-24 所示。

图 6-24

右键单击"调音台"窗口上方，在弹出的列表中可以对窗口进行相关的设置，如图 6-25 所示。

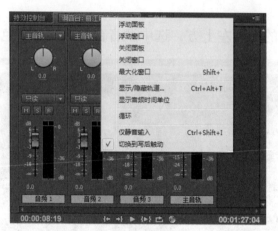

图 6-25

使用 Adobe Premiere Pro 编辑音频素材时，可以对其播放速度和时长进行修改设置。选中要调整的音频素材，选择音频轨道中的音频素材单击鼠标右键，在弹出的菜单中选择"速度 / 持续时间"命令，如图 6-26 所示。这时会弹出一个"素材速度 / 持续时间"对话框，在"持续时间"数值对话框中可以对音频素材的持续时间进行调整，如图 6-27 所示。

图 6-26

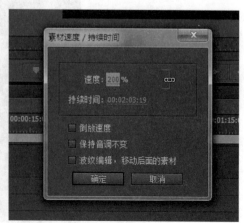

图 6-27

这里也可以把素材拖到音频轨道，截取编辑音频。把鼠标放到音频波纹的最左端或最右端，这时鼠标会变成一个红色标识，对素材进行拖动保留要编辑的音频。也可以利用"剃刀"工具，将音频素材多余的部分删除，如图 6-28 所示。

给音频素材添加特效，可以在"效果"窗口中展开"音频特效"控制栏，分别在不同的音频模式文件夹中选择音频特效进行设置即可，如图 6-29 所示。

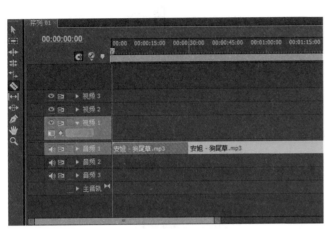

图 6-28

图 6-29

使用 Adobe Premiere Pro 时，经常需要将"时间线"窗口中视音频连接素材的视频和声音部分分离。在时间轨道内选中素材，单击鼠标右键，在弹出的菜单栏中选择"解除视音频链接"命令，就可以对视频、音频进行独立的操作了，如图 6-30 所示。

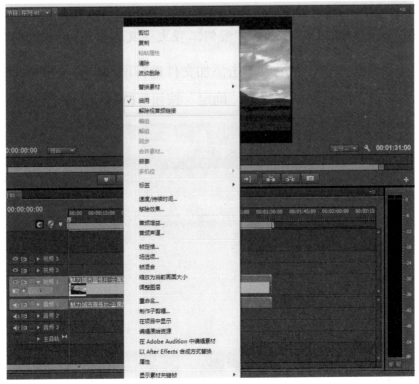

图 6-30

经过上述对音频编辑的讲述，下面继续来完成本项目的案例。

（1）找到音频文件"丽江.amr"，然后将其导入，此时会弹出一个对话框，提示文件导入失败，文件格式不受支持，如图 6-31 所示。

　图 6-31

　注意：不是所有的音频文件都可以在 Premiere Pro 中使用，遇到不常见的格式，用转换器转换一下即可。

（2）安装"格式工厂"，双击打开"格式工厂"，在左侧找到音频栏，选取"wav"就会进入转换页面，如图 6-32 所示。

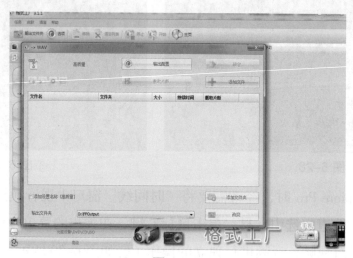

图 6-32

　注意："格式工厂"安装文件可以在"案例工程文件及输出视频"中找到。

（3）直接拖动音频文件到软件里或单击添加文件进行添加，将文件添加好，在最下方选择输出的路径，这里选择默认路径，单击"确定"按钮等待转换，如图 6-33 所示。

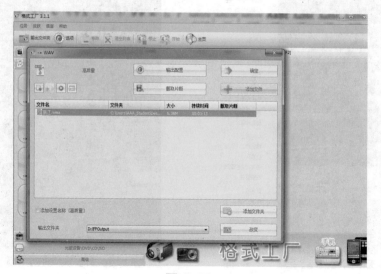

图 6-33

（4）将转换好的音频文件"丽江.wma"导入后（方法同视频操作），并拖到时间线"音频 1"轨道最左端，如图 6-34 所示。

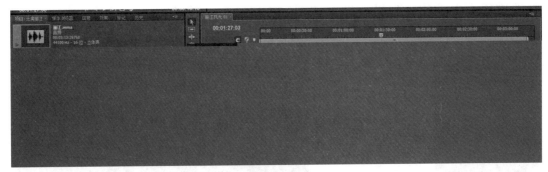

图 6-34

（5）在项目窗口中，选择"丽江.wma"文件，单击"播放/停止切换"按钮 ▷，播放并试听音频，如图 6-35 所示。

图 6-35

（6）选择"剃刀"工具，在音频轨道上 10 秒和 1 分 37 秒 04 处分别单击一下，此时，音频轨道显示绿色，单击的位置会出现两条竖线，把这段音频提取出来，如图 6-36 所示。

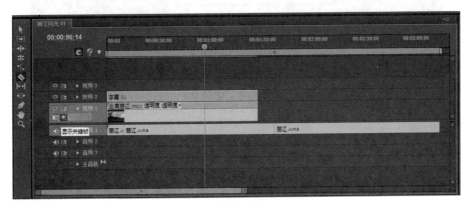

图 6-36

（7）选择选取工具 ，在要删除的音频波纹处单击鼠标右键，选择"波纹删除"。这里删除截取好的音频的前端和后端，保留中间部分，如图 6-37 所示。这时中间部分的音频波纹在音频轨道里会自动移动到最左端，如图 6-38 所示。

图 6-37

图 6-38

（8）给音频加淡入淡出效果。在"音频 1"轨道前面有一个"显示关键帧"按钮 ，单击此按钮，会弹出一个对话框，在对话框中选择"显示轨道关键帧"选项，如图 6-39 所示。将时间指示器放置在音频 15 秒的位置，单击"添加／移除关键帧"按钮 ，添加第一个关键帧，如图 6-40 所示。

图 6-39

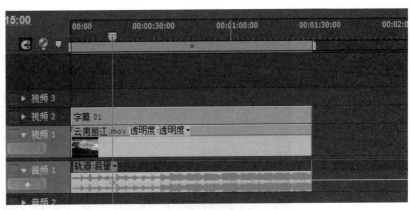

图 6-40

（9）将时间指示器放置在音频 1 分 10 秒的位置，单击"添加 / 移除关键帧"按钮 ，
添加第二个关键帧，如图 6-41 所示。

图 6-41

（10）将时间指示器依次放在音频开始的位置和结束的位置，然后在两个位置分别单击
"添加 / 移除关键帧"按钮 ，添加第三个
和第四个关键帧，并且用鼠标分别把两个
关键帧移到音频轨迹的最底端，如图 6-42
所示。

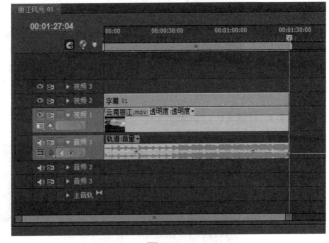

还有另一种制作淡入淡出的方法，其
操作如下。

（1）首先用鼠标单击"音频 1"轨道
最左端的小喇叭 ，让"音频 1"里的素
材静音，以便编辑"音频 2"里的素材，
学习另一种淡入淡出方法。

图 6-42

（2）将之前的音频素材拖动到"音频 2"轨道中进行编辑，如图 6-43 所示。

（3）按照上面的音频截取的位置，再用剃刀工具 ，分别在音频轨道上 10 秒和 1 分 37
秒 04 处单击一下，以提取这段音频，如图 6-44 所示。这里可以选取精确的时间，在时间线

区域左上角的时间显示区，直接输入时间即可，如图 6-45 所示。

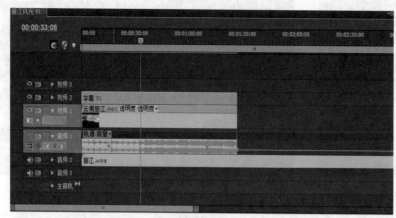

图 6-43

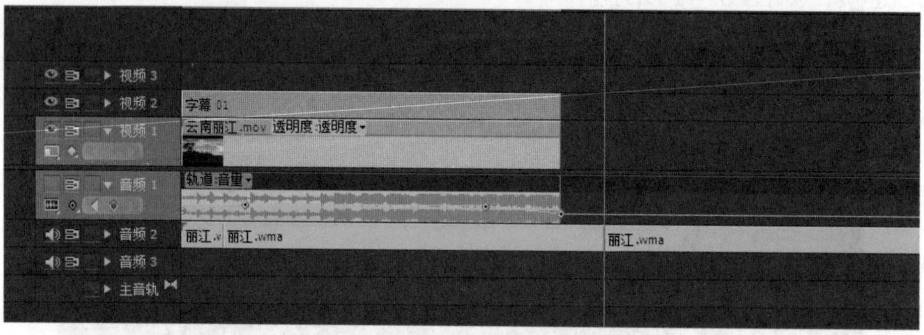

图 6-44

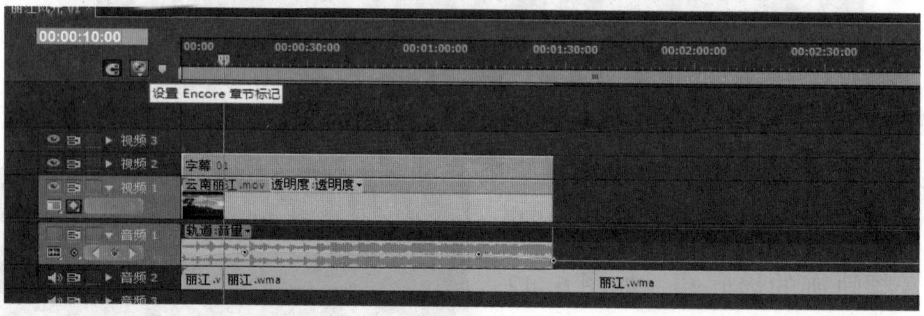

图 6-45

（4）用选取工具 选中要删除的部分，然后直接按 "Delete" 键删除，如图 6-46 所示。

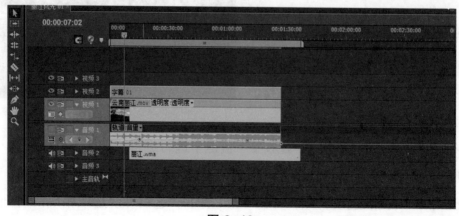

图 6-46

（5）用选取工具 ➤ 拖动"音频 2"轨道上的素材到时间线最开始的位置，如图 6-47 所示。

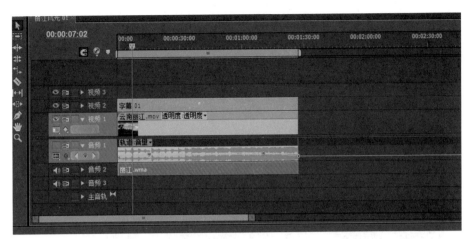

图 6-47

（6）在"效果"窗口中，依次展开"音频过渡 > 交叉渐隐"，可以看到"指数型淡入淡出"，如图 6-48 所示。

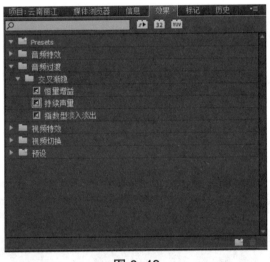

图 6-48

（7）用鼠标选中"指数型淡入淡出"，并拖动到"音频 2"轨道上的素材开始和结束的地方，如图 6-49 所示。

图 6-49

注意: 如果拖动上去的效果在时间线上看不到，则可以按键盘上的"+""-"键来放大或缩小。

（8）在"音频 2"轨道上的素材上拖动"指数型淡入淡出"，以调整淡入淡出的长短来达到想要的效果，如图 6-50 所示。

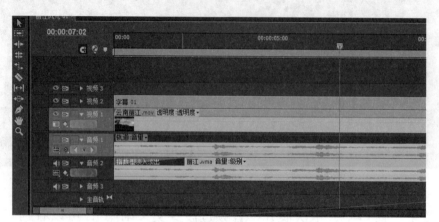

图 6-50

6.3.6 影片输出

（1）选择菜单命令"文件 > 导出 > 媒体"，或按快捷键"Ctrl+M"，弹出"导出设置"窗口，在"输出名称"处单击，然后在弹出的"另存为"对话框中，选择要保存的路径，将"文件名"改为"丽江风光"，单击"保存"按钮，回到"导出设置"窗口，如图 6-51所示。

图 6-51

（2）回到"导出设置"面板处，将"格式"改为"QuickTime"，如图6-52所示。

图 6-52

（3）最后单击"导出"按钮，会弹出一个进度条，如图6-53所示，稍等片刻，即可查看视频。

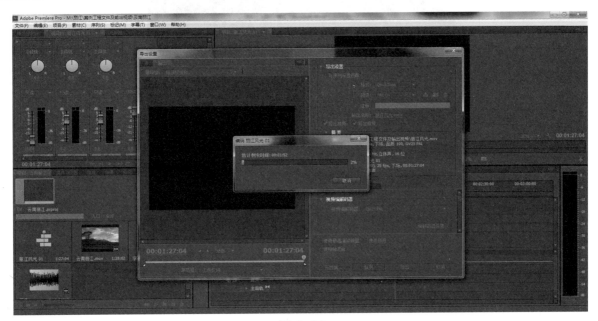

图 6-53

6.4　项目总结

本项目的重点在于介绍音频处理，列举了Premiere对于常见的音频模式的特效处理方式，以及对于声音的剪辑技法。

以格式工厂为例，对于不能被Premiere识别的视频或声音文件，讲解了转换格式的方式。

6.5　项目拓展

制作风景宣传片：通过对镜头的筛选和重新组接，再加上对视频素材速度的调整，可以确定一部风景宣传片的节奏。使用软件自带的调色特效，对素材进行颜色的修正，以及添加声音素材来达到赏心悦目的感觉。可以自行拍摄一些风景，根据本项目所掌握的内容，剪辑一部风景宣传片（图 6-54）。

图 6-54

项目七

婚庆视频制作

7.1 项目描述

本项目以"my love"制作步骤分解为重点，讲述利用 Adobe Premiere Pro 制作婚庆视频的方法。在完成项目的同时，进一步系统地掌握视频制作的工作流程，同时对婚庆视频制作的常用手法有所了解。

本案例所涉及的内容有：素材的导入与管理、镜头转场与特效的应用、字幕的制作、音频的编辑、影片输出等。

7.2 项目知识点

在"my love"项目制作过程中，使用了素材图像的预览与导入、添加背景音乐、创建字幕标题、编辑素材、为素材添加特效和转场效果等知识，这里我们重点讲解 Adobe Premiere Pro 的转场应用。

（1）素材的收集与处理。

（2）拖动素材到时间线。

（3）为素材添加特效，并在"特效控制台"下调整特效的参数以达到效果；在项目中主要用了"缩放比例"效果。

（4）制作简单字幕。

（5）背景音乐剪辑与处理。

（6）影片导出的设置。

7.3 项目实施

操作视频

7.3.1 素材的导入与管理

1. 新建项目

（1）选择菜单命令"文件 > 新建 > 项目"，新建一个项目文件，打开"新建项目"窗口。设置好存放项目文件的目标文件夹，名称栏为"my love"，如图 7-1 所示。

（2）在打开的"新建序列"窗口的"序列预设"下，展开"DV-PAL"栏，选择"标准 48kHz"，将画面大小设置为"720×576"的尺寸，确认帧速率是 25 帧 / 秒。名称栏为项目名称，此处为"婚庆视频制作"，如图 7-2 所示，单击"确定"按钮进入操作界面。

图 7-1

图 7-2

2. 常规设置

选择菜单命令"编辑 > 首选项 > 常规",在弹出的对话框中,将"静帧图像默认持续时间"改为"75 帧",然后单击"确定"按钮,完成操作,如图 7-3 和图 7-4 所示。

图 7-3

图 7-4

注意: 正常视频帧速率为 25 帧,因为这张静帧在本案例中需要显示的时间较长,所以暂时把它的持续时间修改为 75 帧,后面根据镜头长度的需要再进行剪辑。

3. 素材管理

在项目窗口空白处双击，打开"导入"对话框，选中所需的素材，单击"打开"按钮，将素材导入 Premiere 中，如图 7-5 所示。

图 7-5

4. 素材的分类

导入的素材包括视频、图片文字、音乐等不同类型，如图 7-6 所示；为了方便观察和管理使用，在素材库窗口单击鼠标右键，弹出对话框，选择"新建文件夹"，如图 7-7 所示；按住鼠标左键将不同类型的素材拖动到相应的文件夹内，如图 7-8 所示。

图 7-6

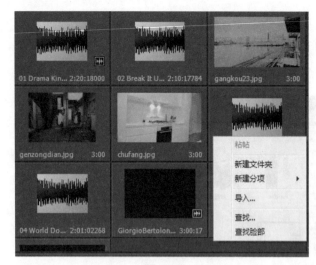

图 7-7   图 7-8

7.3.2 影片的剪辑

双击"视频"文件夹，将素材"片头"拖入"视频 1"轨道上，如图 7-9 所示。

图 7-9

将素材"my love"拖入"视频 1"轨道上，与素材"片头"首尾相连，如图 7-10 所示。

图 7-10

注意：两段视频首尾相交的部分不要有空隙，如果视频首尾相接处有空隙会产生黑屏现象。下面介绍避免两段视频首尾之间出现空隙的方法。

方法 1：将时间线上的两段视频首尾之间留有一小段空隙，如图 7-11 所示；鼠标右键单击缝隙处，弹出对话框，选择"波纹删除"，如图 7-12 所示；完成以上两步操作，即可实现两段视频首尾之间的无缝对接，效果如图 7-13 所示。

图 7-11

图 7-12

图 7-13

方法 2：鼠标左键单击时间码下方的"吸附"命令 ，鼠标左键拖动"my love"视频素材向"片头字幕"方向移动，当距离"片头字幕"视频素材很近时，会在"my love"视频素材最前端出现两个白色三角形，如图 7-14 所示，当鼠标继续拖动该段视频向"片头字幕"接近时，系统会自动完成两段视频的首尾相接，如图 7-15 所示。

图 7-14

图 7-15

在时间线"视频 1"轨道上选中"my love"视频素材，在特效控制台下找到"视频效果 > 运动 > 缩放比例"，将其参数更改为"228.0"，如图 7-16 所示，其效果如图 7-17 所示。

图 7-16

图 7-17

选择时间线左侧工具栏内的"剃刀"工具 图标（或者按快捷键"C"），对"my love"视频素材进行裁剪，时间指针放在"00:00:14:18"处单击，时间指针放在"00:00:16:03"处单击，选择时间线左侧工具栏内的选取工具 图标（或者按快捷键"V"），鼠标左键选中两个时间点之间的那段被裁剪开的视频素材，按"Delete"键进行删除（该段视频素材被删除的原因是拍摄角度不理想），时间指针放在"00:00:17:15"处单击，时间指针放在"00:00:19:06"处单击（在这两个时间点将视频素材裁剪开，是因为这两个时间点正是三个不同镜头的衔接点），用上述相同方法，将"my love"视频素材进行分镜头裁剪，将裁剪后的所有分镜头首尾连接，如图7-18所示。

图 7-18

7.3.3　转场与特效的应用

转场：段落与段落、场景与场景之间的过渡或转换，就称为转场。

转场效果：指两个场景（即两段素材）之间，采用一定的技巧如划像、叠变、卷页等，实现场景或情节之间的平滑过渡，或达到丰富画面吸引观众的效果。

转场的技巧分类：分为淡出淡入、缓淡、闪白、擦除、划像、翻转、叠化等。

下面重点介绍如何应用划像、卷页和擦除三种转场技巧。

（1）在项目窗口选择"效果命令 > 视频切换 > 划像"，将"圆划像"的切换方式拖到时间线"00:00:14:18"时间点上的两段视频素材首尾接缝处，如图7-19和图7-20所示。

图 7-19

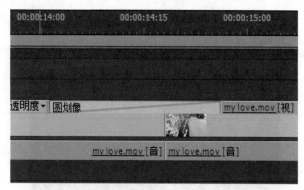

图 7-20

（2）鼠标左键单击时间线上的"圆划像"特效，打开"特效控制台"，将持续时间数值调整为"00:00:00:25"，对齐方式选择"自定开始"，通过鼠标拖动"AB"图下面的滑杆，查看"圆划像"的转场效果，如图7-21和图7-22所示。

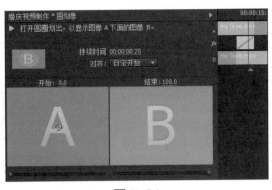
图 7-21

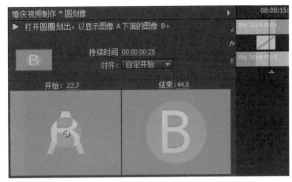
图 7-22

（3）根据转场需要，对"圆划像"转场特效进行时长与位置的调整，单击时间线上的"圆划像"转场特效进行左右拖动的操作，可实现位置的调整；将鼠标停留在"圆划像"转场特效的首尾两端时，会出现红色方括号标识，左右拖动方括号，对特效时长进行调整，如图7-23、图7-24和图7-25所示。

图 7-23

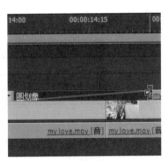
图 7-24

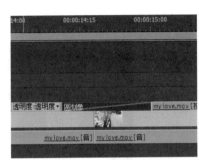
图 7-25

（4）在项目窗口选择"效果命令 > 视频切换 > 卷页"，将"剥开背面"的切换方式施到时间线"00:00:16:03"时间点上的两段视频素材首尾接缝处，如图7-26和图7-27所示。

图 7-26

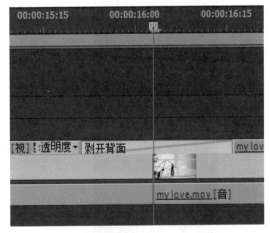
图 7-27

（5）鼠标左键单击时间线上的"剥开背面"特效，打开"特效控制台"，将持续时间数值调整为"00:00:00:18"，对齐方式选择"居中于切点"，通过鼠标拖动"AB"图下面的滑杆，查看"剥开背面"的转场效果，如图7-28和图7-29所示。

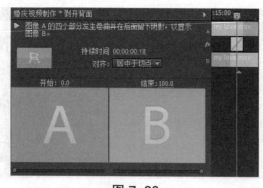

图 7-28　　　　　　　　　　　图 7-29

　　除了通过在时间线上调整"剥开背面"转场特效的位置和时长外，还可以通过"特效控制台"右侧的时间线缩略图完成对该转场特效的调整，图中的黑色竖线代表两段视频素材的衔接线，"fx"代表转场特效。将鼠标停留在缩略图内的"fx"特效面板上，会弹出黑色左右小箭头图标，这时鼠标左键拖动该图标，即可调整"剥开背面"转场特效在时间线上的位置，操作图及效果图如图 7-30 至图 7-35 所示。

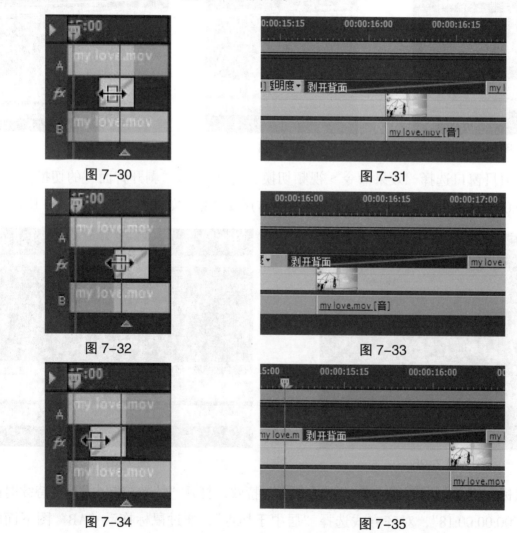

图 7-30　　　　　　　　　　　图 7-31

图 7-32　　　　　　　　　　　图 7-33

图 7-34　　　　　　　　　　　图 7-35

　　（6）在项目窗口中选择"效果命令 > 视频切换 > 擦除"，将"擦除"的切换方式拖到时间线"00:00:17:14"时间点上的两段视频素材首尾接缝处，如图 7-36 和图 7-37 所示。

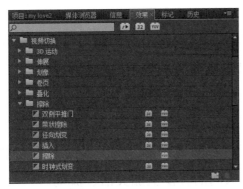

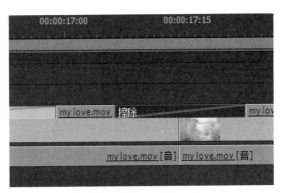

图 7-36   图 7-37

（7）通过上述方法，对"擦除"转场特效进行位置和时长的调整，然后打开"特效控制台"窗口，选择"反转"命令，可以实现"擦除"特效方向的转变，其转场效果如图 7-38 至图 7-41 所示。

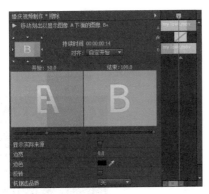

图 7-38   图 7-39

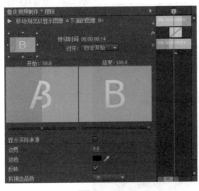

图 7-40   图 7-41

（8）在做镜头衔接的时候，有如下几类常用的转场。

淡出淡入：是指前后两个镜头相叠加，前一个镜头的画面逐渐隐退，后一个镜头的画面逐渐显现；可以使两个镜头之间比较舒缓地衔接。

白场过渡：是指前后两个镜头相叠加，前一个镜头的画面逐渐转成白场，后一个镜头的画面逐渐显现，起到掩盖镜头剪辑点的作用，避免镜头切换、场景变化过于生硬，增加视觉跳动。

黑场过渡：是指前后两个镜头相叠加，前一个镜头的画面逐渐转成黑场，后一个镜头的画面逐渐显现；往往一段故事的开始，经常会运用黑场过渡的转场方式，可以更好地将观众带入故事情节。

翻页划像：现代特技能够变换线形和图案，可以从画面的各个方向移入移出，也可以翻转飘飞，衍生出多种多样的特技技巧，利用这些特技专场，有助于画面内容的表达。

定格：上一段的结尾画面做静态处理，使人产生瞬间的视觉停顿，接着出现下一个画面，这比较适合于不同主题段落间的转换。

另外还有一些转场，比如擦除下的"油漆飞溅""百叶窗""棋盘"，滑动下的"中心合并""拆分"，这些有意思的转场方式的应用可以使镜头间的转换更加灵活、流畅。

以上特效都是 Premiere 自带的转场效果，从转场特效面板中便可找到。

（9）在时间线上选中转场特效，按键盘上的"Delete"键即可完成该转场特效的删除。

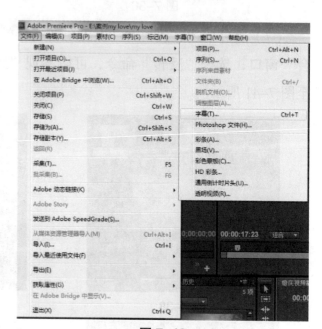

7.3.4   字幕的制作

（1）选择菜单命令"文件 > 新建 > 字幕"，如图 7-42 所示，在弹出的"新建字幕"窗口中，默认名称，单击"确定"按钮，弹出字幕设计窗口。

（2）在弹出的字幕设计窗口选择输入工具 T，输入文字"my love"，如图 7-43 所示。

图 7-42

图 7-43

（3）在窗口下方"字幕样式"中选择"方正宋黑"，在窗口右侧"字幕属性"栏中，"字体大小"设为"250.0"，"填充 > 填充类型"的下拉框中选择"四色渐变"，双击四角的小方块依次进行颜色选择，在编辑窗口中，单击"文字区域"拖到指定位置，关闭窗口，字幕创建完成，如图 7-44 所示。

图 7-44

（4）将字幕拖入时间线上的"视频 2"轨道上，拖动鼠标，使其显示时间与"片头"分镜头轨道时长相同，如图 7-45 所示。

图 7-45

7.3.5　音频的编辑

（1）将音频文件"Drama King"导入（方法如同照片操作），并拖到时间线"音频 1"轨道最左端，如图 7-46 所示。

图 7-46

（2）选中音频文件，用剃刀工具将素材剪开，并选中后面的部分，单击右键，在弹出的面板中选择"清除"，将不需要的部分清除，如图 7-47 和图 7-48 所示。

图 7-47

图 7-48

（3）双击音频素材，打开"特效控制台"面板，展开"音量 > 级别"选项，将时间线播放至" 00:00:05:00 "处，"音量 > 级别"高为" -8.0 dB "，单击" "图标设置关键帧，闹钟变为" "，如图 7-49 所示。

（4）将时间线播放至" 00:00:10:00 "处，"音量 > 级别"设为" -∞ "，实现音量逐渐变小直至静音效果，如图 7-50 所示。

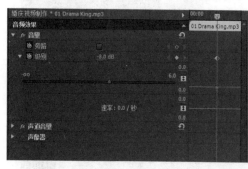

图 7-49

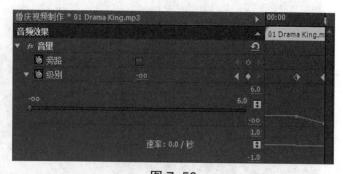

图 7-50

如需修改关键帧，单击"级别"前的小闹钟，变为" "，表示取消关键帧。

7.3.6　影片输出

在时间线为活动窗口时，使用快捷键"Ctrl+M"（或者单击菜单栏"文件 > 导出 > 媒体"）弹出"导出设置"窗口，将"格式"改为"AVI"，在"输出名称"处单击，在弹出的"另存为"对话框中，选择要保存的路径，将"文件名"改为"my love"，单击"保存"按钮，如图 7-51 所示。回到"导出设置"窗口，单击"导出"按钮将影片输出，如图 7-52 和图 7-53 所示。

图 7-51

图 7-52

图 7-53

7.4 项目总结

　　本项目以"婚庆"制作案例为基础，详细讲解了转场的概念，以及转场在剪辑时的应用方法。针对常用的如"淡入淡出""黑场"等转场特效做了详细的描述，并讲述了常规镜头衔接的技巧。

7.5 项目拓展

　　制作庆典类视频（图7-54）：通过本项目的学习，可以完成如公司年会视频、颁奖典礼视频等各类庆典类视频的制作。这类视频制作的技巧在于：对于镜头的筛选和组接有独立的思路，添加适当的转场效果，再搭配合适的音乐和艺术字幕效果为整个影片添彩。

图 7-54

项目八

影视预告片制作

8.1 项目描述

本项目以"冰雪奇缘"影视预告片制作步骤分解为重点，讲述利用 Adobe Premiere Pro 制作影视预告片。在完成项目操作的同时，可快速地掌握本项目所介绍的内容。

本项目所涉及的内容有：素材的导入与管理、影片的剪辑、字幕的制作、音频的编辑、影片合成输出等。

8.2 项目知识点

在"冰雪奇缘"影视预告片制作过程中，讲解了素材图像的预览与导入、影片的剪辑、字幕制作、音频编辑、影片输出合成等知识，这里我们重点讲解 Adobe Premiere Pro 综合输出合成。

（1）素材的收集与处理。

（2）拖动素材到时间线。

（3）将所有素材拼接在一起，如有需要中间需加转场。

（4）制作简单字幕。

（5）背景音乐剪辑与处理。

（6）影片导出的设置。

8.3 项目实施

8.3.1 项目设置

1. 新建项目

（1）选择菜单"文件 > 新建 > 项目"，新建一个项目文件，打开"新建项目"窗口。设置好存放项目文件的目标文件夹，路径为"F:\案例冰雪奇缘"，并在名称栏中输入"冰雪

操作视频

奇缘"，如图 8-1 所示。

（2）在打开的"新建序列"的"序列预设"下，展开"DV-PAL"栏，选择"标准48kHz"，将画面大小设置为"720x576"的尺寸，确认帧速率是 25 帧 / 秒。名称栏为项目名称，此处为序列名称为"序列 01"，若想更改其名称，自己可以更改，在这里设为默认，单击"确定"按钮则可进入操作界面，如图 8-2 所示。

图 8-1

图 8-2

2. 常规设置

选择菜单命令"编辑 > 首选项 > 自动存储"，如图 8-3 所示。

打开对话框之后，将"自动存储间隔"改为 5 分，这样可避免由于各种外在原因导致的软件非正常关闭而丢失文件，单击"确定"按钮，如图 8-4 所示。

图 8-3

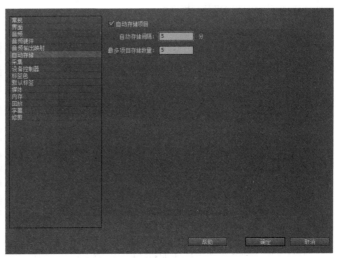

图 8-4

3. 导入素材

Premiere 里导入素材有如下四种方法：

（1）在菜单栏中单击"文件 > 导人"，即可查找自己的素材所保存的路径，如图 8-5 所示；

（2）在项目窗口空白处双击，即可查找自己的素材所保存的路径；

（3）在项目窗口空白处单击鼠标右键，选择"导入"命令，即可查找自己的素材所保存的路径，如图 8-6 所示；

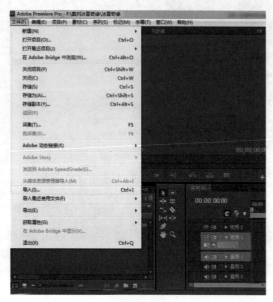

图 8-5   图 8-6

（4）单击项目窗口菜单中的"媒体浏览器"，可看见计算机的 C 盘、D 盘等，如图 8-7 所示；

（5）单击素材所保存的磁盘路径，可看见右边出现文件类型，即可查找自己的素材所保存的路径，如图 8-8 所示。

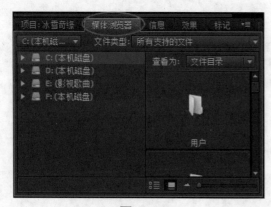

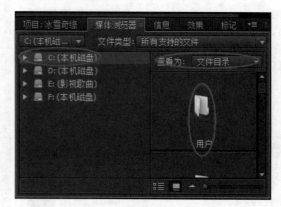

图 8-7   图 8-8

用以上任意一种方法均可导入素材，打开"导入"对话框，选中所需的素材，单击"打开"按钮，将素材导入 Premiere 中，如图 8-9 所示。

图 8-9

8.3.2　素材管理

1. 素材的显示

导入素材之后，素材显示的方式是图标，如图 8-10 所示；若想让它按序列来显示，可鼠标右击 项目:冰雪奇缘 ，如图 8-11 所示。

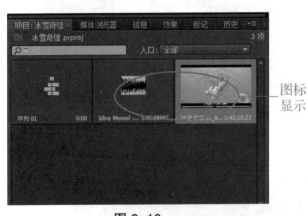

图 8-10

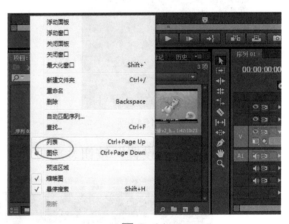

图 8-11

在弹出的菜单中单击"列表"命令，发现素材都是以序列来显示，如图 8-12 所示。

图 8-12

2.素材的分类

导入的素材包括视频、音频等不同类型，如图 8-13 所示；为了方便观察和管理使用，在素材库窗口单击鼠标右键弹出对话框，选择"新建文件夹"，如图 8-14 所示；按住鼠标左键将不同类型的素材拖动到相应的文件夹内，如图 8-15 所示。

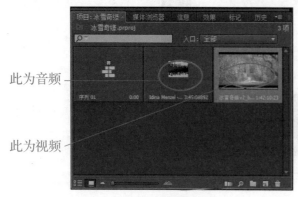

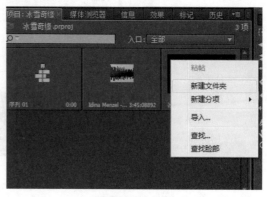

图 8-13   图 8-14

双击"视频"文件夹，将素材"冰雪奇缘 v2_bd"拖入时间线到"视频 1"轨道上，此时会有"素材不匹配警告"对话框弹出，如图 8-16 所示。

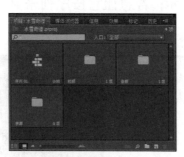

图 8-15   图 8-16

单击"更改序列设置"按钮，此时如图 8-17 所示。

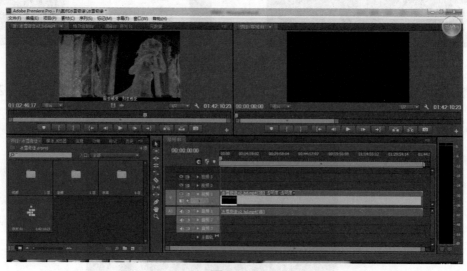

图 8-17

注意：单击"更改序列设置"按钮，可更改序列来匹配素材的设置。

8.3.3　影片的剪辑

预告片是电影宣传品中最富有吸引力的一种。它的任务是把即将上映的影片的大致轮廓介绍给观众，使观众对影片获得一个初步的印象，引起观众看这部影片的兴趣和欲望。预告片的内容不能脱离原片的范围，它既不应当是影片的缩写，也不应当是影片扼要的提纲。宣传片要在很短的篇幅之内，把影片的题材、风格和部分情节，以及出品厂、演员等，都生动地引人入胜地介绍出来。

剪辑预告片的第一步工作是选择画面素材。

首先要选用能够突出影片题材、风格的画面，反映时代背景，代表原片中人物精神面貌和动作性强的画面。

选择画面素材时要注意：

（1）不宜用较长的运动镜头。

（2）不宜用与主题无关的景物镜头。

（3）不宜用画面不够理想的镜头。

（4）不宜用作用不大的过场戏镜头，要尽可能地从有关影片戏剧主线的画面来选择素材，要能准确地反映原片的题材特征，并与原片的样式、风格相吻合。

（5）预告片的镜头宜多不宜长。

选择时间线左侧工具栏内的剃刀工具""（或者按快捷键"C"），根据上面的介绍对"冰雪奇缘 v2_bd"视频素材进行裁剪，如图 8-18 所示。

图 8-18

按照上面的操作，将素材多次进行裁剪，裁剪出所需要的画面，如有不需要的画面素材，用鼠标左键单击，按住"Delete"键即可删除素材画面。此时会造成两个画面之间存在空隙和黑屏，所以要将两个素材首尾相连。

时间线上的两段视频首尾之间留有一小段缝隙，如图 8-19 所示；鼠标右键单击缝隙处，弹出对话框，选择"波纹删除"，如图 8-20 所示；完成以上两步操作，即可实现两段视频首尾之间的无缝对接，效果如图 8-21 所示。

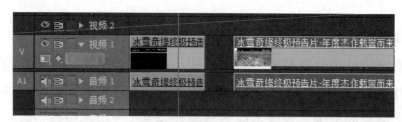

图 8-19

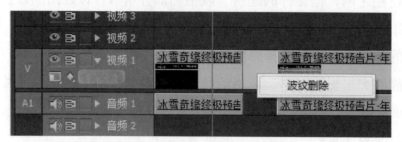

图 8-20

图 8-21

对整段电影素材不需要的镜头进行剪辑，之后把所有剪辑后的素材拼接在一起，如图 8-22 所示。

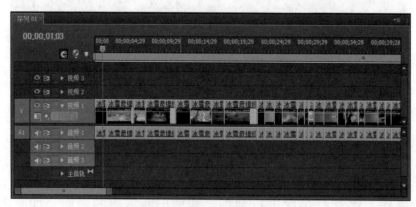

图 8-22

8.3.4 字幕的制作

在预告片中，字幕占有重要的地位，它担负着点明主题和宣传介绍、解释影片以及吸引观众的作用，它还可以转换协调预告片的节奏。

预告片的字幕内容一般可分为三类：

第一类是主题字幕，介绍原片主题。

第二类是解释字幕，解释画面内容。

第三类是宣传字幕，利用广告式的词句，以便引起观众的注意。

编写字幕一般要选择有鼓动性和感染力的词句，并且要使其与影片的主题思想、画面内容和人物表演紧密结合，词语要简单明了，不宜过长。词句上应精练、生动，富有强烈的艺术冲击力，并且应该前后呼应，成为篇章。字幕的字体可以是多种形式，如楷书、草书、行书、隶书、美术字等。字幕的排列和结构形式，应当根据句子的长短以及与画面的构图关系来决定。

字幕的构图形式不一，字幕的出现，则是随着画面中主体动作、方向以及镜头运动而出入画面的。要根据画面构图、主体动作、镜头运动的形式与速度以及镜头运动的方向等，来决定字幕的构图形式和拍摄方法。字幕的拍摄方法及技巧的运用，主要是根据内容来确定的。同时也要结合画面的运动方向以及主体动作来处理。预告片字幕的出现与音乐的节奏也有关系。字幕技巧的长度，随着字幕技巧的性质不同而不同。

（1）选择菜单命令"文件 > 新建 > 字幕"，如图 8-23 所示，在弹出的"新建字幕"窗口中，默认名称，单击"确定"按钮，弹出字幕设计窗口。

图 8-23

（2）在弹出的字幕设计窗口选择输入工具 **T**，输入文字"这部温暖的电影"，如图 8-24 所示。

图 8-24

（3）在窗口下方"字幕样式"中选择"宋体"，在窗口右侧"字幕属性"栏中，"字体大小"设为"40.0"，在编辑窗口中单击"文字区域"拖到指定位置，关闭窗口，字幕创建完成，如图 8-25 所示。

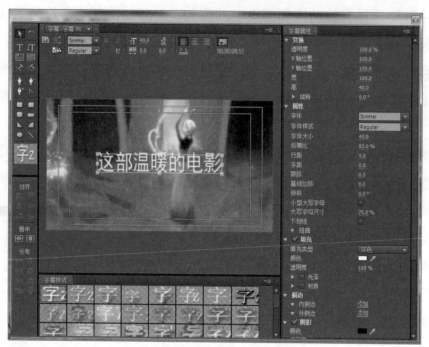

图 8-25

（4）将字幕拖入时间线上的"视频 2"轨道上，拖动鼠标，使其达到自己想要的效果，如图 8-26 所示。

图 8-26

8.3.5 音频的编辑

预告片声音的选择是剪辑过程中较为重要的一环。

首先，对白应当选择能够反映主题思想和反映人们思想感情的关键性语言。音响在预告片的声音中主要用来渲染影片气氛，同时它也可以表达人物的情感和增强影片的节奏。

预告片主要是通过丰富的视觉形象来达到它的宣传目的。因此，人物的语言运用一定要简练、生动、具有深刻的含义，避免用大量的对话以及那些并非直接一语道破主题思想和人物精神情感的语言。

对白、音乐、音响三者在预告片中的运用，应该如同原片的声音处理一样，构成一个有机的完整的听觉形象。要通过声音的运用显示出原片的内容、风格和特色，三者的结合，关系着画面内容的生动感人以及声音与画面的有机配合的节奏感，对反映影片的主题思想、风格、特色等起到重要作用。

（1）框选时间线上"视频 1"和"音频 1"的所有素材，鼠标单击右键，在弹出的菜单中单击"解除视音频链接"，如图 8-27 所示。

图 8-27

将其所有音频删掉，如图 8-28 所示。

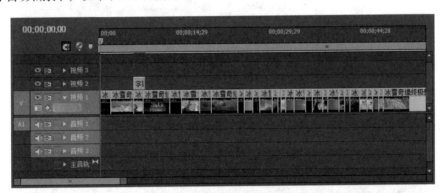

图 8-28

（2）将音频文件"ss"文件导入后（方法如同照片操作），并拖到时间线"音频 1"轨道最左端，如图 8-29 所示。

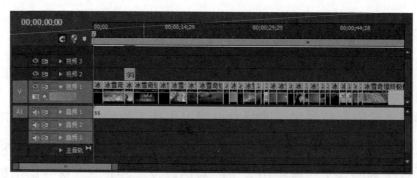

图 8-29

（3）选中音频文件，用剃刀工具将素材剪开，并选中不需要的部分，单击右键，在弹出的面板中选择"清除"，将不需要的部分清除，也可直接按"Delete"键，如图 8-30 和图 8-31 所示。

图 8-30

图 8-31

（4）将"Idina Menzel-Let It Go.mp3"素材拖进时间线"音频 2"最左端，如图 8-32 所示。

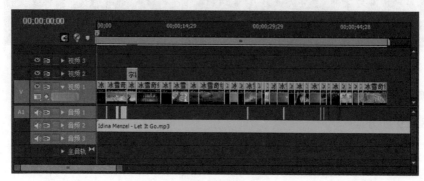

图 8-32

用上面的方法同样将"Idina Menzel-Let It Go.mp3"素材剔除，如图 8-33 所示。

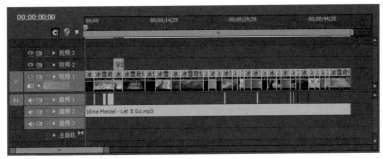

图 8-33

（5）双击音频素材，打开"特效控制台"面板，展开"音量 > 级别"选项，将时间线播放至"00;00;45;10"处，"音量 > 级别"设为"-8.0 dB"，单击"⏱"图标设置关键帧，闹钟变为"⏱"，如图 8-34 所示。

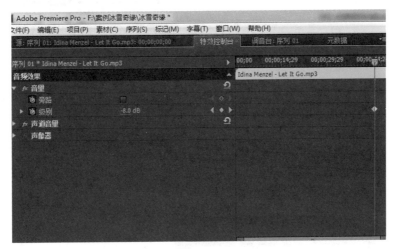

图 8-34

（6）将时间线播放至"00;00;50;12"处，"音量 > 级别"设为"-∞"，实现音量逐渐变小直至静音效果，如图 8-35 所示。

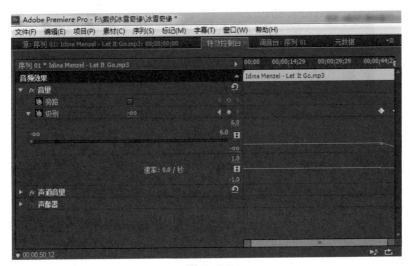

图 8-35

如需删除关键帧，单击"级别"前的小闹钟，变为" "，表示取消关键帧。

8.3.6　合成输出

（1）在时间线为活动窗口时，单击菜单栏"文件 > 导出 > 媒体"，如图 8-36 所示。

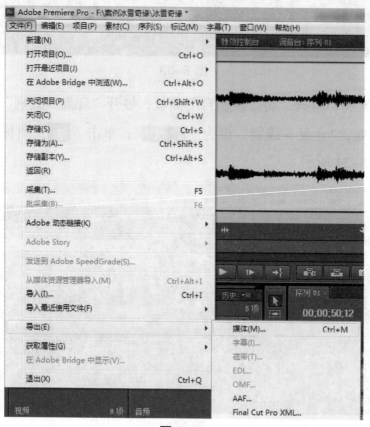

图 8-36

（2）使用快捷键"Ctrl+M"，弹出"导出设置"窗口，将"格式"改为"QuickTime"，如图 8-37 所示。

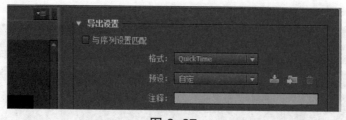

图 8-37

（3）在"输出名称"处单击，在弹出的"另存为"对话框中，选择要保存的路径，将"文件名"改为"冰雪奇缘预告片"，勾选"使用最高渲染质量"，单击"保存"按钮，回到"导出设置"窗口，单击"导出"按钮将影片输出，如图 8-38 和图 8-39 所示。

图 8-38

图 8-39

8.4　项目总结

本项目主要讲解了各类影视预告片在剪辑时的镜头衔接技能，从管理素材到最终渲染输出，让读者体验和熟悉了一整套完整的商业剪辑流程。

8.5　项目拓展

制作预告／宣传片：本项目的重点在于整个剪辑流程的综合操作，熟练整个流程以后可以完成各类影视剧预告片的制作（图 8-40）。

图 8-40

项目九

MTV制作

9.1　项目描述

本项目以"少女时代 MTV"视频制作步骤分解为重点，讲述利用 Adobe Premiere Pro 制作 MTV。在完成视频制作的同时，能系统地掌握视频制作的工作流程，同时对 MTV 频制作的常用手法有所了解。

本项目所涉及的内容有：素材的导入与管理、影片的剪辑、字幕的制作、音频的编辑、影片合成输出等。

9.2　项目知识点

在"少女时代 MTV"案例制作过程中，使用了素材图像的预览与导入、影片的剪辑、字幕制作、音频编辑、影片输出合成等知识，这里重点讲解 Adobe Premiere Pro 综合输出合成。

（1）素材的收集与处理。

（2）拖动素材到时间线。

（3）影片的剪辑和转场特效。

（4）制作简单字幕。

（5）背景音乐剪辑与处理。

（6）影片导出设置。

9.3　项目实施

9.3.1　项目设置

1. 新建项目

操作视频

（1）选择菜单命令"文件 > 新建 > 项目"，新建一个项目文件，打开"浏览文件夹"窗口，新建或选择存放项目文件的目标文件夹，这里路径为"F:\项目\项目六\少女时代 MV

制作"，名称栏为"少女时代MV"，如图9-1所示。

（2）在打开的"新建序列"对话框的"序列预设"下，展开"DV-PAL"栏，选择"标准48kHz"，如图9-2所示，将画面大小设置为"720×576"的尺寸，确认帧速率是25帧/秒。此处为序列名称为"序列01"，单击"确定"按钮进入操作界面，如图9-2所示。

图 9-1

图 9-2

2. 常规设置

选择菜单命令"编辑 > 首选项 > 自动存储"，如图9-3所示。

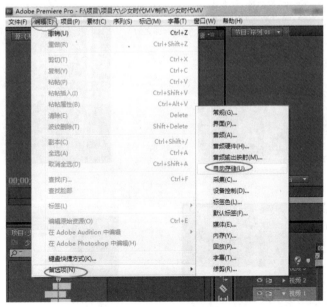

图 9-3

打开对话框之后，将"自动存储间隔"改为5分，单击"确定"按钮，如图9-4所示。

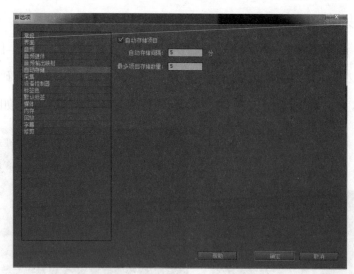

图 9-4

9.3.2　素材管理

单击项目窗口菜单中的"媒体浏览器"，可看见计算机的 C 盘、D 盘等，如图 9-5 所示。单击素材所保存的磁盘路径，可看见右边出现文件类型，即可查找自己的素材所保存的路径，如图 9-6 所示。框选素材，单击鼠标右键，选择"导入"命令，如图 9-7 所示。打开"导入"对话框，选中所需的素材，单击"打开"按钮，将素材导入 Premiere 中，如图 9-8 所示。

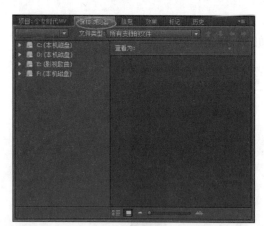

图 9-5

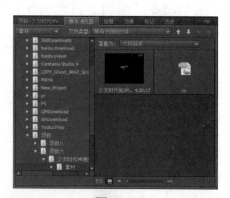

图 9-6

图 9-7

图 9-8

1.素材的显示

导入素材之后，素材显示的方式是图标，如图 9-9 所示；若想让它按序列来显示，可鼠标右击 `项目：少女时代MV ×`，如图 9-10 所示。

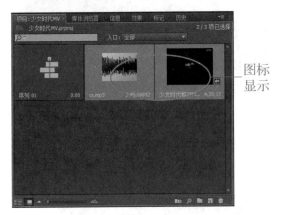

图 9-9

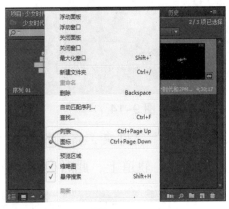

图 9-10

单击"列表"命令，发现素材都是以序列来显示，如图 9-11 所示。

图 9-11

2.素材的分类

导入的素材包括视频、音频等不同类型，如图 9-12 所示；为了方便观察和管理使用，在素材库窗口单击鼠标右键弹出对话框，选择"新建文件夹"，如图 9-13 和图 9-14 所示；按住鼠标左键将不同类型的素材拖动到相应的文件夹内，如图 9-15 所示。

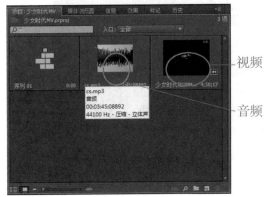

图 9-12

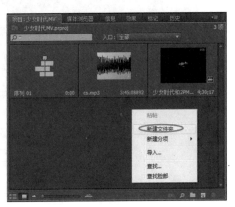

图 9-13

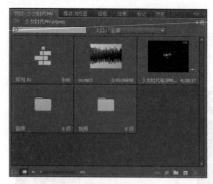

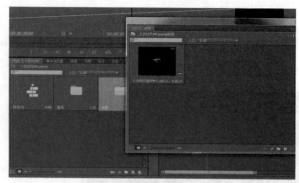

图 9-14　　　　　　　　　　　　　　　　　　　图 9-15

双击"视频"文件夹，将素材"少女时代"和"2PM《cabisong》完整高清 MV"拖入时间线到"视频 1"轨道上，此时会有"素材不匹配警告"对话框弹出，如图 9-16 所示。

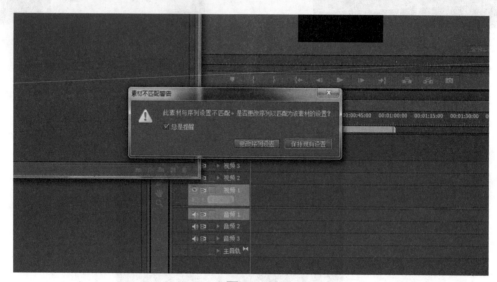

图 9-16

单击"更改序列设置"按钮，如图 9-17 所示。

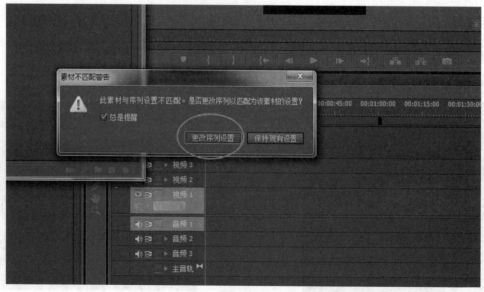

图 9-17

此时如图 9-18 所示。

图 9-18

单击 ▶ 或按键盘空格键即可播放素材，如图 9-19 所示。

播放
按钮

图 9-19

9.3.3 影片的剪辑

选择时间线左侧工具栏内的剃刀工具 " " 图标（或者按快捷键 "C"），如图 9-20 所示，根据上面的介绍对 "少女时代" 和 "2PM《cabisong》完整高清 MV" 视频素材进行裁剪，如图 9-21 所示。

图 9-20

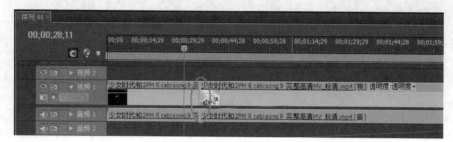

图 9-21

按照上面的操作，将素材多次进行裁剪，裁剪出我们所需要的画面，如有不需要的画面素材，用鼠标左键单击，按"Delete"键即可删除素材画面。此时会造成两个画面之间存在空隙和黑屏，如图 9-22 所示。

图 9-22

时间线上的两段视频首尾之间留有一小段缝隙，如图 9-23 所示；鼠标右键单击缝隙处，弹出对话框，选择"波纹删除"，如图 9-24 所示，效果如图 9-25 所示。

图 9-23

图 9-24

图 9-25

将裁剪好所需要的片段首尾相连，如图 9-26 所示。

图 9-26

9.3.4　转场的应用

（1）在项目窗口中选择"效果>视频切换>划像"，如图9-27、图9-28和图9-29所示。

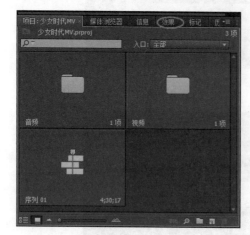

图 9-27

图 9-28

图 9-29

（2）将"圆划像"的切换方式拖到时间线两段视频素材首尾接缝处，如图9-30和图9-31所示。

图 9-30

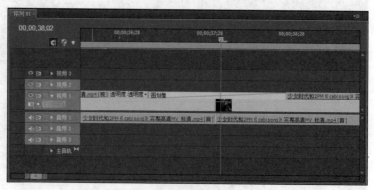

图 9-31

（3）鼠标左键单击时间线上的"圆划像"特效，打开"特效控制台"，如图9-32所示。

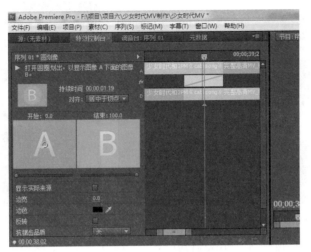

图 9-32

（4）将持续时间数值调整为"00:00:00:25"，对齐方式选择"居中于切点"，通过鼠标拖动"AB"图下面的滑杆，查看"圆划像"的转场效果，如图9-33和图9-34所示。

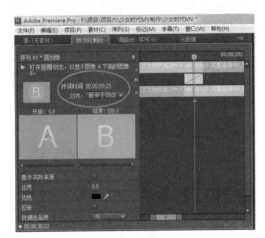

图 9-33

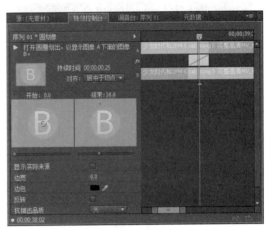

图 9-34

（5）在项目窗口选择"效果 > 视频切换 > 擦除 > 插入"，如图9-35和图9-36所示。

图 9-35

图 9-36

（6）将"插入"的切换方式拖到时间线两段视频素材首尾接缝处，如图9-37所示。

（7）鼠标左键单击时间线上的"插入"特效，打开"特效控制台"，如图9-38所示。

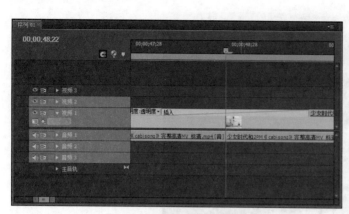

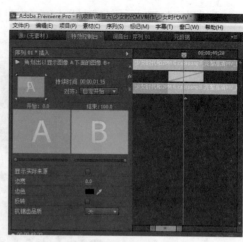

图 9-37　　　　　　　　　　　　　　　　图 9-38

（8）将持续时间数值调整为"00:00:00:17"，对齐方式选择"居中于切点"，如图 9-39 所示。

（9）通过鼠标拖动"AB"图下面的滑杆，查看"插入"的转场效果，如图 9-40 所示。

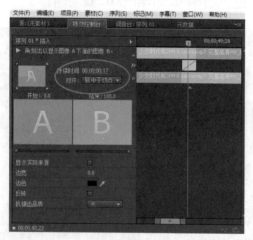

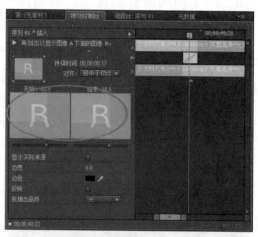

图 9-39　　　　　　　　　　　　　　　　图 9-40

（10）在项目窗口中选择"效果＞视频切换＞叠化＞黑场过渡"，如图 9-41 和图 9-42 所示。

图 9-41　　　　　　　　　　　　　　　　图 9-42

（11）将"黑场过渡"的切换方式拖到两段视频素材首尾接缝处，如图 9-43 所示。

（12）鼠标左键单击时间线上的"黑场过渡"特效，打开"特效控制台"，如图 9-44 所示。

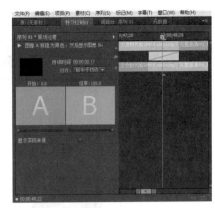

图 9-43　　　　　　　　　　　　　　　　　　　图 9-44

（13）将持续时间数值调整为"00:00:00:17"，对齐方式选择"居中于切点"，如图 9-45 所示。

（14）通过鼠标拖动"AB"图下面的滑杆，查看"插入"的转场效果，如图 9-46 所示。

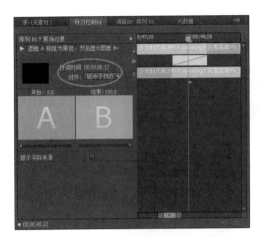

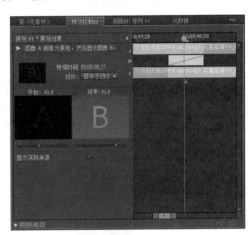

图 9-45　　　　　　　　　　　　　　　　　　　图 9-46

9.3.5　字幕的制作

（1）选择菜单命令"文件 > 新建 > 字幕"，如图 9-47 所示。

（2）弹出"新建字幕"对话框，保持默认设置，单击"确定"按钮，如图 9-48 所示。

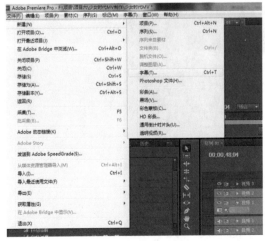

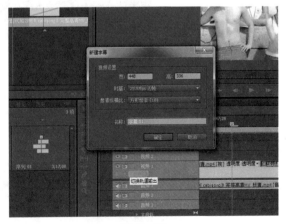

图 9-47　　　　　　　　　　　　　　　　　　　图 9-48

（3）此时会弹出字幕制作的对话框，如图9-49所示。

图9-49

（4）在弹出的字幕设计窗口输入文字"羞涩的青春"，如图9-50所示。

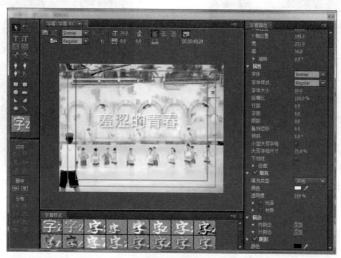

图9-50

（5）在窗口下方"字幕样式"中选择"方正粗宋"，如图9-51所示。

图9-51

（6）在窗口右侧"字幕属性"栏中，"字体大小"设为"40.0"，如图9-52所示。

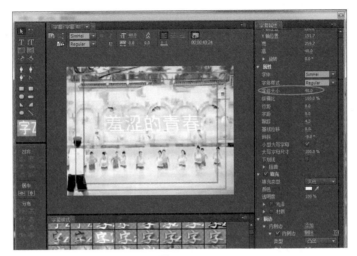

图9-52

（7）在窗口右侧"字幕属性"栏中，打开"填充"，修改其颜色，如图9-53所示。

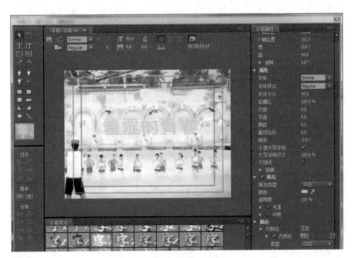

图9-53

（8）在编辑窗口中，单击"文字区域"拖到指定位置，关闭窗口，字幕创建完成，如图9-54所示。

图9-54

9.3.6　音频的编辑

（1）框选时间线上"视频 1"和"音频 1"的所有素材，单击鼠标右键，选择"解除视音频链接"，如图 9-55 所示。

图 9-55

将其所有音频删掉，如图 9-56 所示。

图 9-56

（2）打开时间面板"音频"文件夹，如图 9-57 所示。

图 9-57

（3）将音频文件"cs"拖到时间线"音频 1"轨道最左端，如图 9-58 所示。

图 9-58

（4）选中音频文件，用剃刀工具将素材剪开，并选中不需要的部分，右键单击，在弹出的面板中选择"清除"，将不需要的部分清除，也可直接按"Delete"键，如图 9-59 和图 9-60 所示。

图 9-59　　　　　　　　　　　　图 9-60

（5）双击音频素材，打开"特效控制台"面板，如图 9-61 所示。

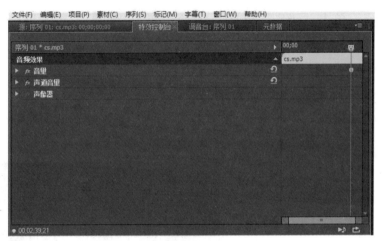

图 9-61

展开"音量 > 级别"选项，将时间线播放至" 00:02:39:21 "处，"音量 > 级别"设为" -8.0 dB "，单击" 🕐 "图标设置关键帧，闹钟变为" 🕐 "，如图 9-62 所示。

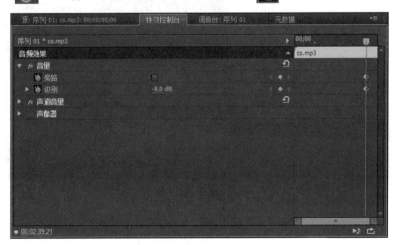

图 9-62

（6）将时间线播放至" 00:03:16:06 "处，"音量 > 级别"设为" -∞ "，实现音量逐渐变小直至静音效果，如图 9-63 所示。

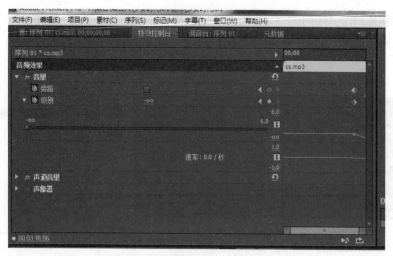

图 9-63

如需修改关键帧，单击"级别"前的小闹钟，变为"  "，表示取消关键帧。

9.3.7　合成输出

在时间线为活动窗口时，单击菜单栏"文件 > 导出 > 媒体"，如图 9-64 所示。

图 9-64

或者按快捷键"Ctrl+M"，弹出"导出设置"窗口，如图 9-65 所示。

将"格式"改为"QuickTime"，如图 9-66 所示。

在"输出名称"处单击，如图 9-67 所示。

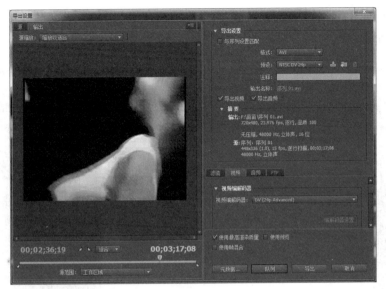

图 9-65

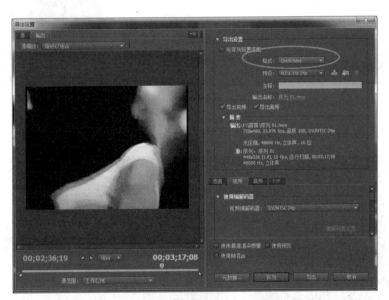

图 9-66

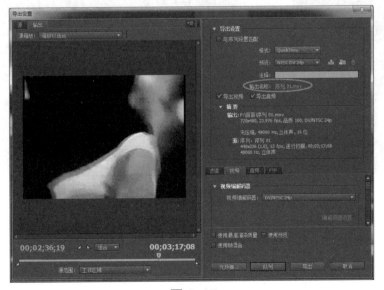

图 9-67

　　在弹出的"另存为"对话框中，选择要保存的路径，将"文件名"改为"少女时代MV"，如图9-68所示。

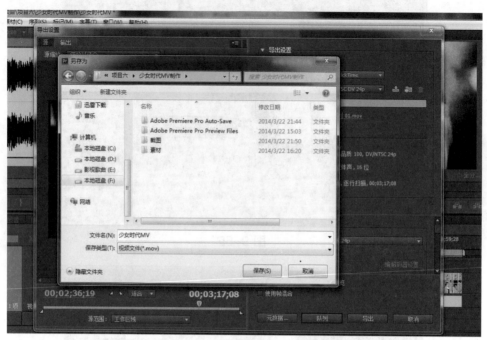

图9-68

　　勾选"使用最高渲染质量"，如图9-69所示。

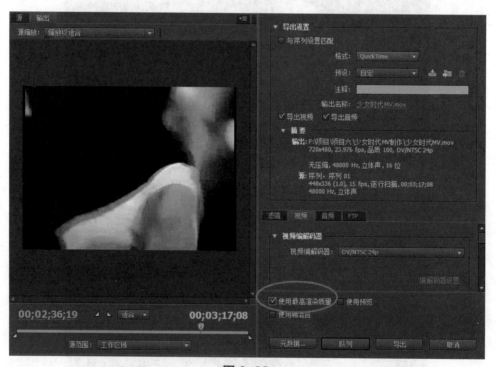

图9-69

　　单击"导出"按钮，将影片输出，如图9-70和图9-71所示。

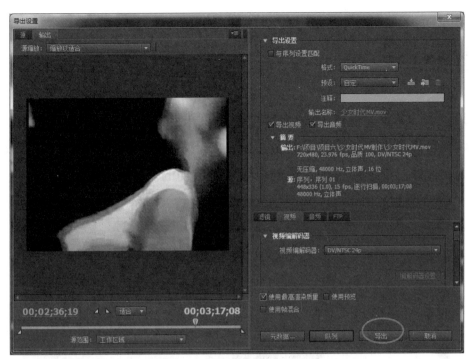

图 9-70

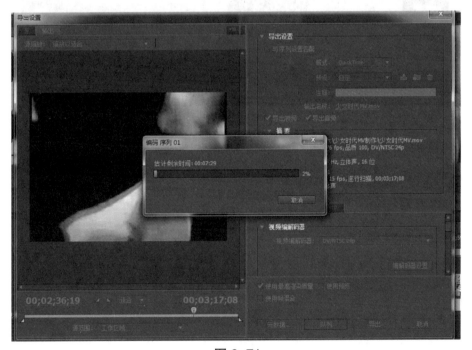

图 9-71

9.4　项目总结

本项目重点在于强化读者对剪辑流程的操作熟练度，以及注意渲染输出的设置。

9.5　项目拓展

　　制作 MTV（图 9-72）：MTV 的制作技巧在于镜头筛选和组接的独立思路，通过对某些镜头的速度调整可以来调整整个片子的节奏感，对于素材进行调色和转场等特效处理来为画面增彩。画面要能够凸显出所搭配音乐的意境才是成功的。

图 9-72

实战演练篇

项目十

风景纪录片

10.1　项目描述

本项目以"张家界风景纪录片"制作步骤分解为重点，讲述利用 Adobe Premiere Pro 制作纪录片类的视频。在完成该项目制作的同时，能系统地掌握视频制作的工作流程，同时对纪录片类的视频制作的常用手法有所了解。

本项目所涉及的内容有：素材的导入与管理、影片的剪辑、字幕的制作、音频的编辑、影片合成输出等。

10.2　项目知识点

在"张家界风景纪录片"项目制作过程中，使用了素材图像的预览与导入、影片的剪辑、字幕制作、音频编辑、影片输出合成等知识。

（1）素材的收集与处理。

（2）拖动素材到时间线。

（3）影片的剪辑，如有需要中间需加转场。

（4）制作简单字幕。

（5）背景音乐剪辑与处理。

（6）影片导出的设置。

10.3　项目实施

10.3.1　素材的导入与管理

操作视频

1. 新建项目

新建一个项目文件，在"位置"栏设置工程文件的存储位置，名称栏输入"张家界风景纪录片",如图 10-1 所示。

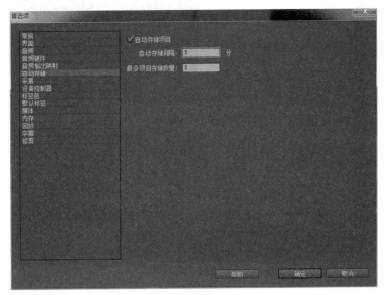

图 10-1

在弹出的"新建序列"对话框的加载预置下,展开"DV-PAL"栏,选择"标准
48kHz",将画面大小设置为"720×576"的尺寸,确认帧速率是 25 帧 / 秒,此处序列名称为
"序列 01",单击"确定"按钮则可进入操作界面,如图 10-2 所示。

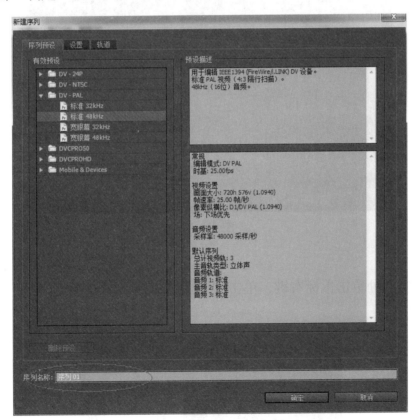

图 10-2

2. 常规设置

选择菜单命令"编辑 > 首选项 > 自动存储",如图 10-3 所示。

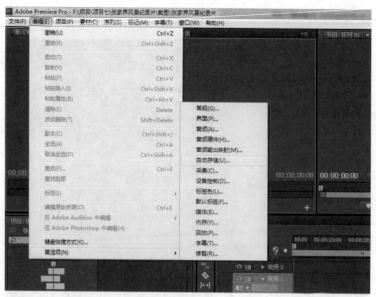

图 10-3

打开对话框之后，将"自动存储间隔"改为 5 分，单击"确定"按钮，如图 10-4 所示。

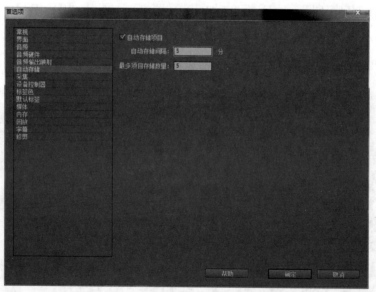

图 10-4

3. 导入素材

在项目窗口空白处单击鼠标右键，单击"导入"命令，即可查找自己的素材所保存的路径，如图 10-5 所示。

图 10-5

打开"导人"对话框，选中所需的素材，单击"打开"按钮，将素材导入 Premiere 中，如图 10-6 所示。

图 10-6

10.3.2　影片的剪辑

1. 素材的显示

导入素材之后，素材显示的方式是图标，如图 10-7 所示；若想让它按序列来显示，可鼠标右击 项目:张家界风景纪录片 ，如图 10-8 所示。

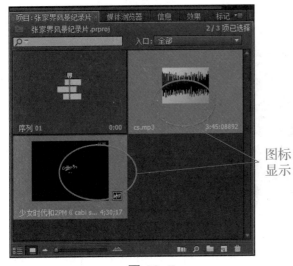

图 10-7

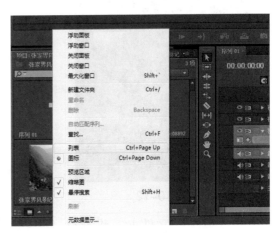

图 10-8

单击"列表"命令后素材都是以序列来显示，如图 10-9 所示。

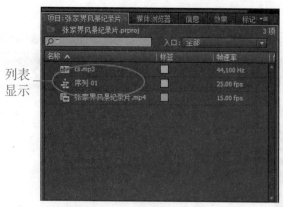

图 10-9

2. 素材的分类

导入的素材包括视频、音频等不同类型，如图 10-10 所示。为了方便观察和管理使用，在素材库窗口单击鼠标右键，弹出对话框，选择"新建文件夹"，如图 10-11 和图 10-12 所示；按住鼠标左键将不同类型的素材拖动到相应的文件夹内，如图 10-13 所示。

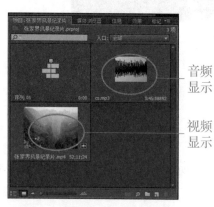

图 10-10

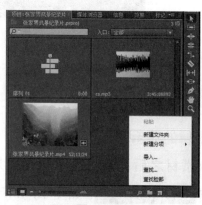

图 10-11

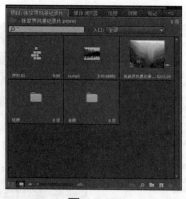

图 10-12

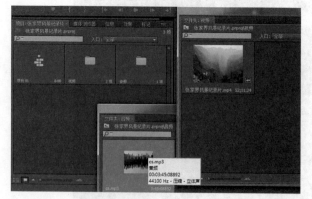

图 10-13

双击"视频"文件夹，将素材"张家界风景纪录片 .mp4"拖入时间线到"视频 1"轨道上，此时会有"素材不匹配警告"对话框弹出，如图 10-14 所示。

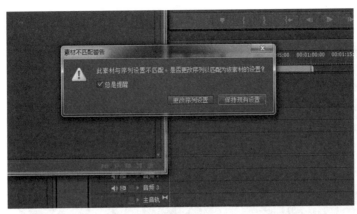

图 10-14

单击"更改序列设置"按钮，如图 10-15 所示。

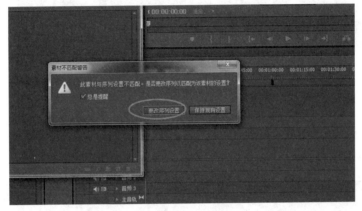

图 10-15

注意：单击"更改序列设置"按钮，可更改序列来匹配素材的设置，此时如图 10-16 所示。

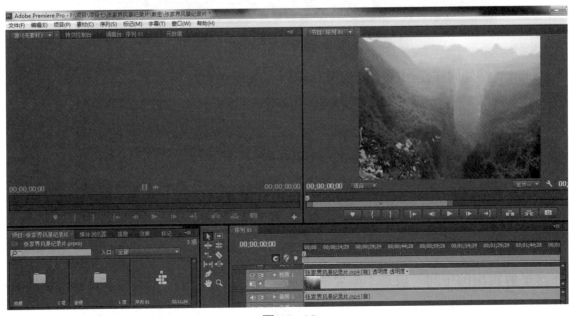

图 10-16

单击 ▶ 或按键盘空格键即可播放素材，如图 10-17 所示。

图 10-17

3. 影片剪辑

选择时间线左侧工具栏内的剃刀工具图标 ◆ （或者按快捷键"C"），在 00:00:30:11 将视频剪辑，如图 10-18 所示。

图 10-18

在 00:00:51:08 处同样使用同上操作进行剪辑，如图 10-19 所示。

图 10-19

在这里剪辑出的中间一段是不需要的，所以对它进行删除，按住"Delete"键或者单击鼠标右键，单击"清除"命令，可将这段视频删除，如图 10-20 和图 10-21 所示。

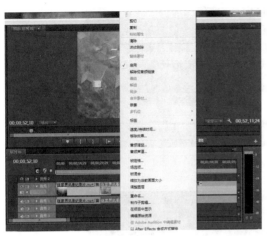

图 10-20   图 10-21

此时会造成两个画面之间存在空隙和黑屏，如图 10-22 所示。

图 10-22

时间线上的两段视频首尾之间留有一小段缝隙，如图 10-23 所示。鼠标右键单击缝隙处，弹出对话框，选择"波纹删除"，如图 10-24 所示；完成以上两步操作，即可实现两段视频首尾之间的无缝对接，效果如图 10-25 所示。

图 10-23

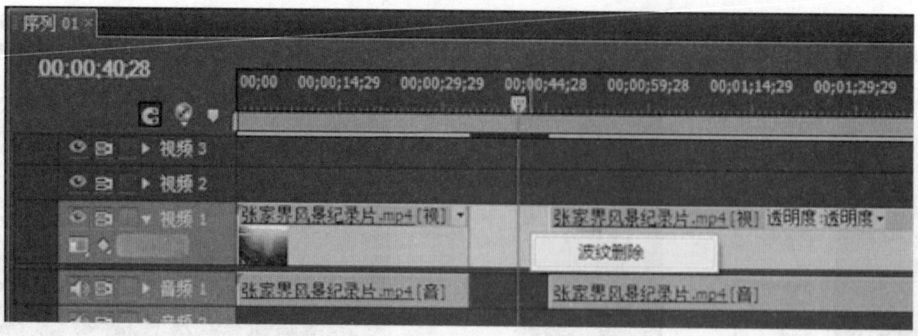

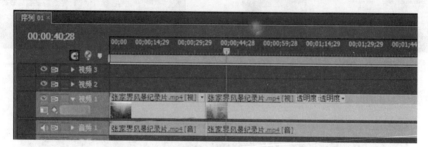

图 10-24

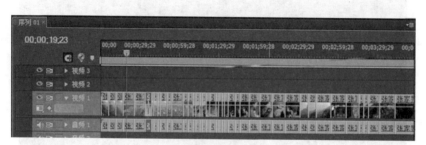

图 10-25

对正素材剪辑，把不需要的镜头剪掉，然后将裁剪好的所需要的片段首尾相连，如图 10-26 所示。

图 10-26

4. 转场的应用

在项目窗口中选择"效果命令 > 视频切换 > 伸展"，如图 10-27、图 10-28 和图 10-29 所示。

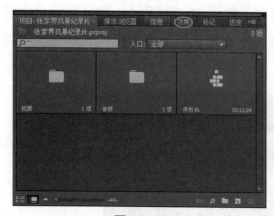

图 10-27

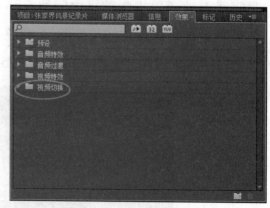

图 10-28

将"伸展进入"的切换方式拖到时间线两段视频素材首尾接缝处,如图 10-30 和图 10-31 所示。

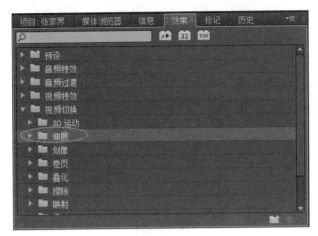

图 10-29

图 10-30

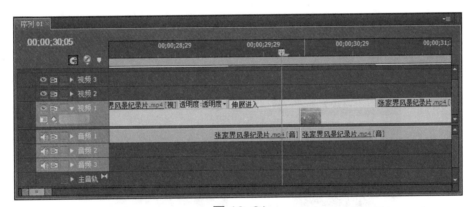

图 10-31

鼠标左键单击时间线上的"伸展进入"特效,打开"特效控制台",如图 10-32 所示。

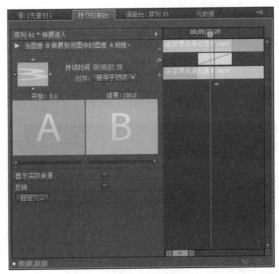

图 10-32

将持续时间数值调整为"00:00:00:25",对齐方式选择"居中于切点",通过鼠标拖动"AB"图下面的滑杆,查看"点划像"的转场效果,如图 10-33 和图 10-34 所示。

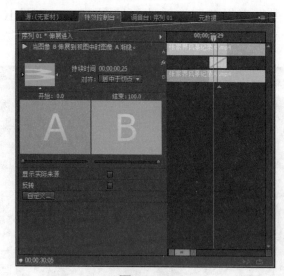

图 10-33

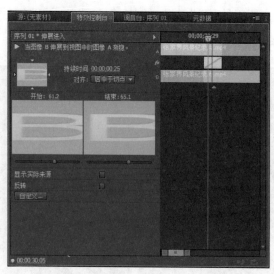

图 10-34

10.3.3 字幕的制作

在项目面板空白处单击鼠标右键选择"新建分项 > 字幕",如图 10-35 所示。

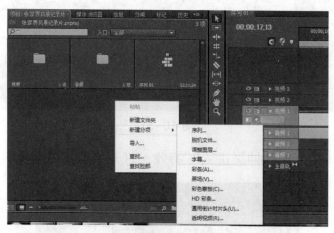

图 10-35

弹出"新建字幕"对话框,保持默认,单击"确定"按钮,如图 10-36 所示。

图 10-36

此时弹出字幕制作的对话框，如图 10-37 所示。

图 10-37

在弹出的字幕设计窗口输入文字"张家界"，如图 10-38 所示。

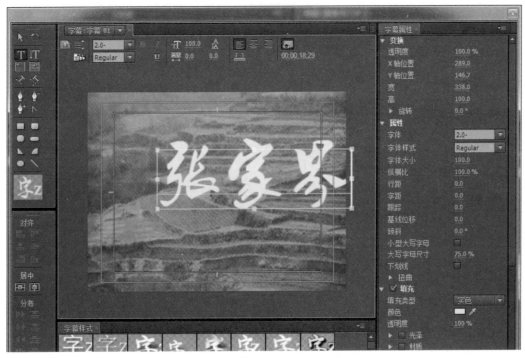

图 10-38

在窗口下方"字幕样式"中选择"黑体"，如图 10-39 所示。

图 10-39

在窗口右侧"字幕属性"栏中，"字体大小"设为"40.0"，如图 10-40 所示。

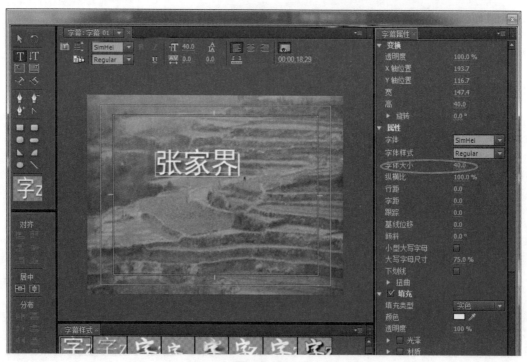

图 10-40

在编辑窗口按住"文字区域"拖到指定位置，关闭窗口，字幕创建完成，如图 10-41 所示。

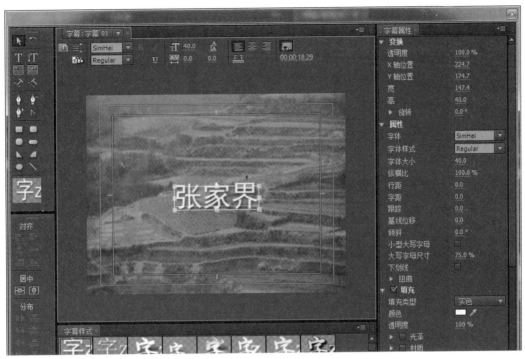

图 10-41

10.3.4　音频的编辑

框选时间线上"视频 1"和"音频 1"的所有素材，单击鼠标右键，选择"解除视音频链接"，如图 10-42 所示，将其所有音频删掉，如图 10-43 所示。

图 10-42

图 10-43

打开时间面板"音频"文件夹，如图 10-44 所示。

图 10-44

将音频文件"cs"拖到时间线"音频 1"轨道最左端，如图 10-45 所示。

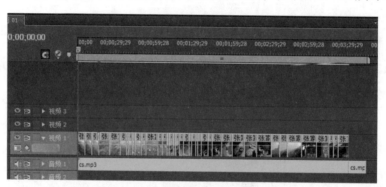

图 10-45

选中音频文件，用剃刀工具将素材剪开，并选中不需要的部分，右键单击，在弹出的菜单中选择"清除"，将不需要的部分清除，也可直接按"Delete"键，如图 10-46 和图 10-47 所示。

图 10-46

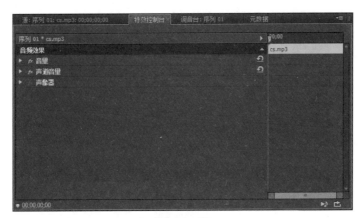

图 10-47

双击音频素材，打开"特效控制台"面板，如图 10-48 所示。

图 10-48

展开"音量 > 级别"选项，将时间线播放至 `00:03:20:25` 处，"音量 > 级别"设为 `-8.0 dB`，单击 图标设置关键帧，闹钟变为 ，如图 10-49 所示。

图 10-49

将时间线播放至 `00:03:31:07` 处，"音量 > 级别"设为 `-∞`，实现音量逐渐变小直至静音效果，如图 10-50 所示。

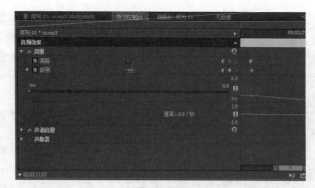

图 10-50

10.3.5　合成输出

在时间线为活动窗口时，单击菜单栏"文件 > 导出 > 媒体"，如图 10-51 所示。

图 10-51

或者按快捷键"Ctrl+M"，弹出"导出设置"窗口，如图 10-52 所示。

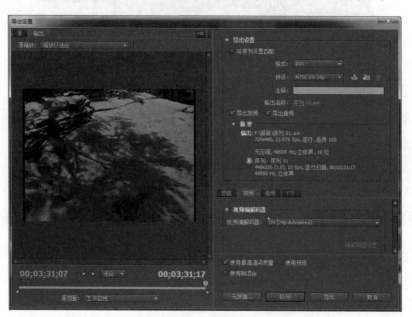

图 10-52

将"格式"改为"QuickTime"，如图 10-53 所示。

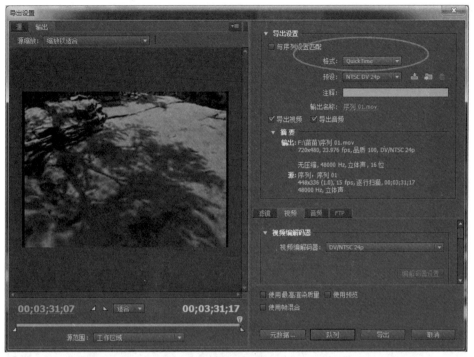

图 10-53

在"输出名称"处单击，如图 10-54 所示。

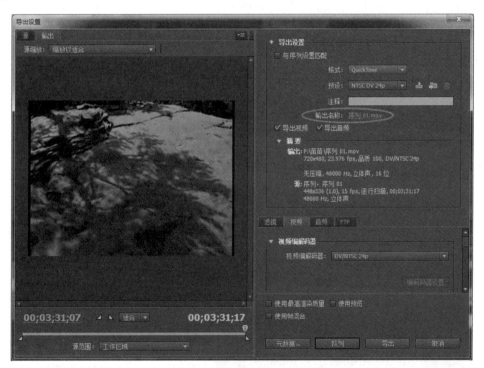

图 10-54

　　在弹出的"另存为"对话框中，选择要保存的路径，将"文件名"改为"张家界风景纪录片"，如图 10-55 所示。

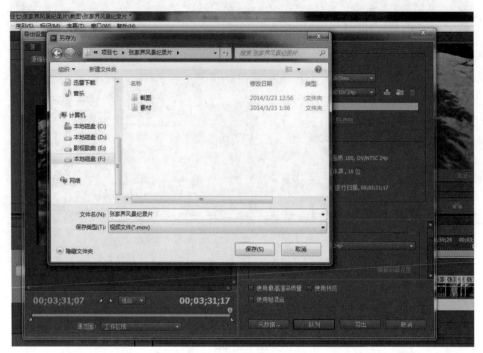

图 10-55

　　勾选"使用最高渲染质量"，如图 10-56 所示。

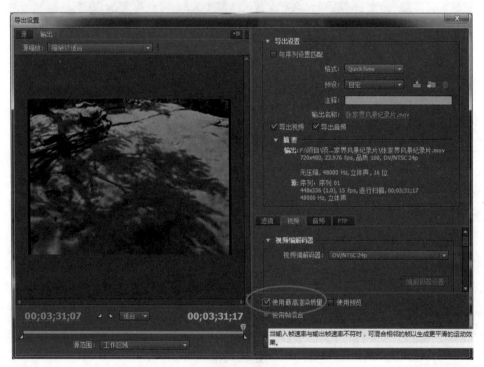

图 10-56

单击"导出"按钮，将影片输出，如图 10-57 和图 10-58 所示。

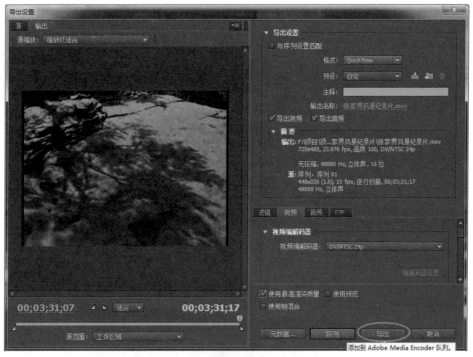

图 10-57

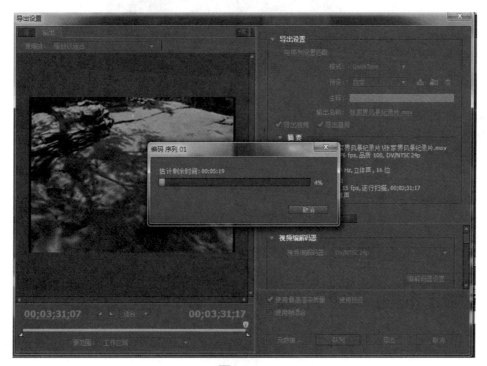

图 10-58

10.4　项目总结

本项目通过一个完整的剪辑案例，让读者对剪辑流程有更好的了解。

10.5　项目拓展

通过预告片、宣传片和 MTV 这三个项目的学习，读者对剪辑流程应该都有了深刻的印象，对于镜头语言的理解也有了一定的基础，可以尝试自己做一些宣传片或广告的剪辑（图 10–59）。

图 10–59

项目十一

电视剧
前期剪辑

11.1　客户需求

（1）在剪辑过程中要注意镜头的衔接。

（2）镜头衔接要符合生活的逻辑、思维的逻辑。

（3）景别的变化要采用"循序渐进"的方法。

（4）运动镜头和固定镜头组接，需要遵循"动接动""静接静"的规律。

（5）要围绕剧本的主题，不可以更改剧本的主题。

11.2　项目分析

1. 镜头组接的连续性

镜头组接的连续性应注意以下三个方面的问题：

（1）关于动作的衔接。应注意流畅，不要让人感到有打结或跳跃的痕迹出现。因此，要选好剪接点，特别是导演在拍摄时要为后期的剪辑预留下剪接点，以利于后期制作。

（2）关于情绪的衔接。应注意留足情绪镜头，可以把镜头尺数（时间）适当放长一些。有些以抒情见长的影片，其中不少表现情绪的镜头结尾处都留得比较长，既保持了画面内情绪的余韵，又给观众留下了品味情绪的余地和空间。

情绪既表现在人物的喜、怒、哀、乐的情绪世界里，也表现在景物的色调、光感以及其面貌上，所以情与景是互为感应和相互影响的。古人云："人有悲欢离合，月有阴晴圆缺。"其内涵就是以情与景作对比。因此，对情与景的镜头的组接，应给予充分的重视。要善于利用以景传情和以景衬情的镜头衔接的技巧。

（3）关于节奏的衔接。动作与节奏联系最为紧密。特别是在追逐场面、打斗场面、枪战场面中，节奏表现得最为突出。这类场面动作速度快、节奏快，因而适合用短镜头。有时只用两三格连续交叉的剪接，便可获得一种让人眼花缭乱、目不暇接、速度快、节奏快的艺术效果，给人一种紧张热烈的感觉。

除动作富有强烈的节奏感之外，情绪镜头衔接中也蕴涵着节奏，有时它来得像疾风骤雨，有时它又给人一种像小溪流水一样缓慢、舒畅的感觉。动画片《花木兰》中，总体节奏紧凑，在容易减缓情节的部分，如训练、行军、木兰心理描写等，纷纷都采用歌曲带过。在叙事部分，人为制造多处紧张情节，使全片保持快节奏感。如木兰的奶奶闭目过街，木兰军中洗澡等。悬念插入是美式动画常用的手法，可以在紧张节奏处进一步制造高潮，或者将幽默因素加入严肃段落中。如"雪崩"一节，士兵射出绳索却又没抓住，木兰随意射出绳索却被士兵抓住的悬念制造。

2. 镜头的发展和变化要服从一定的规律

镜头的组接首先要考虑观众的思考方式和影视表现规律，符合生活的逻辑、思维的逻辑，不符合逻辑观众就看不懂。要明确表达出影片的主题与中心思想，在这个基础上才能根据观众的心理要求，即思维逻辑来决定选用哪些镜头，怎么样将它们组合在一起。

3. 景别的变化要采用"循序渐进"的方法

一般来说，拍摄一个场面的时候，"景"的发展不宜过分剧烈，否则就不容易连接起来。相反，"景"的变化不大，同时拍摄角度变换也不大，拍出的镜头也比较容易组接。

由于以上原因，在拍摄的时候，"景"的发展变化需要采取循序渐进的方法。循序渐进地变换不同视觉距离的镜头，可以实现顺畅的连接，形成各种蒙太奇效果。

4. 镜头组接的一般规律

（1）静接静——固定镜头之间的组接。

①一组固定镜头的组接，应设法寻找画面因素外在的相似性。画面因素包括许多方面，如环境、主体造型、主体动作、结构、色调影调、景别、视角等。相似性的范围是十分广阔的，相似点要由创作者在具体编辑过程中确定。比如，可以把西湖美景的镜头按照春、夏、秋、冬顺序组接；也可以把游人观赏、划船、照相、购物组接在一起。

②画面内静止物体的固定镜头相互连接时，要保证镜头长度一致。长度一致的固定镜头连续组接，会赋予固定画面以动感和跳跃感，能产生明显的节奏效果和韵律感。如果镜头长度不一致，有长有短，那么就会影响镜头的表现，观众看了以后会感到十分杂乱。

③画面内主体运动的固定镜头相互连接时，要选择精彩的动作瞬间，并保证运作过程的完整性。比如一组表现竞技体育的镜头，百米的起跑、游泳的入水、足球的射门、滑雪的腾空、跳高的跨杆这五个固定镜头的组合，因为选择了精彩的动作瞬间，观众会感受到画面很强的节奏感，这些镜头的长度不可能一致。

④在镜头组接的时候，如果遇到同一机位、同景别又是同一主体的画面是不能组接的。因为这样拍摄出来的镜头景物变化小，一幅幅画面看起来雷同，接在一起好像同一镜头不停地重复。不同画面、同一机位、景物变化不大的两个镜头连接在一起，只要画面中的景物稍有变化，就会在人的视觉中产生跳动或者好像一个长镜头断掉了好多次，有"拉洋片""走马灯"的感觉，破坏了画面的连续性。如果遇到这样的情况，除了把这些镜头从头开始重拍以外（这对于镜头量少的节目片可以解决问题），对于其他同机位、同景物的时间持续长的

影视片来说，采用重拍的方法就显得浪费时间和财力了。最好的方法是采用过渡镜头。如从不同角度拍摄再组接，穿插字幕过渡，让表演者的位置、动作变化后再组接。这样组接后的画面就不会产生跳动、断续和错位的感觉。

（2）动接动——运动镜头之间的组接。

①主体不同、运动形式不同的镜头相连，应除去镜头相接处的起幅和落幅。主体不同是指若干个镜头所拍摄的内容不同；运动形式不同是指推、拉、摇、移、跟等不同的镜头运动方式。例如，报道国庆50周年庆典新闻中的一组镜头：

摇镜头：天安门城楼；推镜头：升旗仪式；

摇镜头：国旗护卫队敬礼；

拉镜头：从几位儿童拉出天安门广场大全景。

这些运动镜头在组接时，要求在运动中切换，只保留第一个摇镜头的起幅和最后一个镜头的落幅，而四个镜头相接处的起幅和落幅都要去掉。此外，尽量选择运动速度较相近的镜头相互衔接，以保持运动节奏的和谐一致，使整段画面自然流畅。

②主体不同、运动形式相同的镜头相连，应视情形决定镜头相接处的起幅、落幅的取舍。第一，主体不同、运动形式相同、运动方向一致的镜头相连，应除去镜头相接处的起幅和落幅。比如在介绍优美的校园环境时，一次次的拉出形成一步步展示的效果，使观众从局部看到全部，从细节看到整体。第二，主体不同、运动形式相同但运动方向不同的镜头相连，一般应保留相接处的起幅和落幅。例如：

镜头1：游行方队（右摇镜头）；

镜头2：领人观看（左摇镜头）。

这两个镜头都是摇镜头，前一个是右摇，后一个是左摇。在组接时，两个镜头衔接处的起幅和落幅都要作短暂停留，让观众有一个适应的过程。如果把衔接处的起幅和落幅去掉，形成了动接动的效果，那么观众的头便会像拨浪鼓一样随着镜头晃来晃去，一定不太舒服。特别值得注意的是，如果主体没有变化，左摇、右摇的镜头是不能组接在一起的，推拉镜头也一样。

（3）静接动——固定镜头和运动镜头组接。

① 前后镜头的主体具有呼应关系时，固定镜头与运动镜头相连，应视情况决定镜头相接处起落幅的取舍。比如：

跟镜头：运动员带球前进、射门；固定镜头：观众欢呼。

这两个镜头相接时，跟镜头不需要保留落幅，直接从运动镜头切换到固定镜头即可。再比如：

固定镜头：一个人坐在行进的车窗边远眺；移镜头：田野美好风光。

这两个镜头组接时，也不必保留移镜头的起幅。

通过上述实例，我们发现，在表现呼应关系时，相互衔接的两个镜头中，运动镜头是跟和移两种形式时，固定镜头与运动镜头相接处的起幅和落幅往往被去掉。如果相互衔接的两个镜头中，所拍摄的运动镜头是推、拉、摇等形式时，固定镜头与运动镜头的起幅和落幅就要留着。比如，用一个固定镜头拍一个人进门，惊讶地发现自己家被盗了，后面接着看到家中一片狼藉的摇镜头。这两个镜头连接时，摇镜头的起幅应保持短暂停留。

②前后镜头不具备呼应关系时，固定镜头与运动镜头相连，镜头相接处的起幅和落幅要保持短暂的停留。

如果画面中同一主体或不同主体的动作是连贯的，可以动作接动作，达到顺畅、简洁过渡的目的，我们简称为"动接动"。如果两个画面中的主体运动是不连贯的，或者它们中间有停顿时，那么这两个镜头的组接，必须在前一个画面主体做完一个完整动作停下来后，接上一个从静止到开始的运动镜头，这就是"静接静"。"静接静"组接时，前一个镜头结尾停止的片刻称为"落幅"，后一镜头运动前静止的片刻称为"起幅"，起幅与落幅时间间隔大约为一两秒钟。运动镜头和固定镜头组接，同样需要遵循这个规律。如果一个固定镜头要接一个摇镜头，则摇镜头开始要有起幅；相反一个摇镜头接一个固定镜头，那么摇镜头要有落幅，否则画面就会给人一种跳动的视觉感。为了特殊效果，也有静接动或动接静的镜头。

11.3　学生自主操作

请根据客户的要求和所做的分析，对本项目给出的素材进行剪辑。

11.4　教师评审

A 基本达到客户的要求，并且可以熟练利用 Adobe Premiere Pro 完成项目，可以自己独立完成，优秀。

B 大部分达到客户的要求，并且可以利用 Adobe Premiere Pro 基本完成项目，可以自己独立完成，良好。

C 达到客户的一部分要求，可以自己利用 Adobe Premiere Pro 完成项目，但还存在一些技术问题，及格。

D 根本没有达到客户的要求，也不能够熟练利用 Adobe Premiere Pro 完成项目，不及格。

11.5　项目总结

本项目详细解释了镜头衔接的基本定律，让读者熟练掌握镜头语言在工作中的应用。

11.6　项目拓展

电影、电视剧的镜头剪辑都遵循了常规的镜头组接原理，根据本项目所介绍的基本镜头语言，可以做一些简单的影视剧镜头剪辑（图 11-1）。

电视剧剪辑：

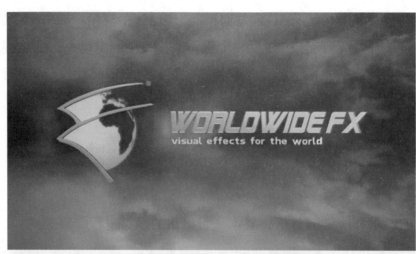

图 11-1

项目十二

电视剧后期合成输出

[12]

12.1   客户需求

（1）视频输出格式要求为 AVI。

（2）画面的大小设置为 720×576。

（3）帧速率为 25 帧/秒。

（4）像素纵横比为 1.067。

12.2   项目分析

（1）按合成输出的快捷键"Ctrl+M"，会弹出"导出设置"对话框，如图 12-1 所示。

图 12-1

（2）设置格式为 AVI，如图 12-2 所示。

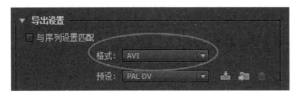

图 12-2

（3）将其输出所要保存的路径改为自己所想要保存的路径，并更改其名称，如图 12-3
和图 12-4 所示。

图 12-3

图 12-4

（4）画面的大小是 720×576，根据需要，可以将素材的尺寸行设置为 1024×768 或
1280×960，这些都是标准的尺寸，如图 12-5 所示。

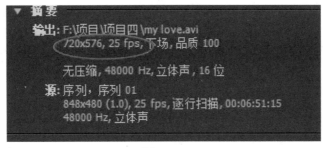

图 12-5

帧速率是 25 帧 / 秒。

像素纵横比在国内一般使用的都是 PAL 制式的，是使用 1.067 的还是使用 16 ：9（1.422）的，可根据需要和素材的尺寸进行选择。

12.3　学生自主操作

（1）请根据输出要求，对上一项目剪辑完的视频文件再次进行节奏调整，以及特效修改，以求能精益求精。

（2）进行渲染输出。

12.4　教师评审

A 基本达到客户的要求，并且可以熟练利用 Adobe Premiere Pro 完成项目，可以自己独立完成，优秀。

B 大部分达到客户的要求，并且可以利用 Adobe Premiere Pro 基本完成项目，可以自己独立完成，良好。

C 达到客户的一部分要求，可以自己利用 Adobe Premiere Pro 完成项目，但还存在一些技术问题，及格。

D 根本没有达到客户的要求，也不能够熟练利用 Adobe Premiere Pro 完成项目，不及格。

12.5　项目总结

本项目的重点在于让读者熟练掌握商业案例从剪辑到最终输片的流程，重点在于调整影片节奏以及渲染输出设置。

12.6　项目拓展

通过本项目的学习，可以了解到影视剧镜头输出的一些常规设置（图 12-6）。

图 12-6